N 국가직무능력표준시리즈 **64**

사출금형제작
사출금형제작 공정설계

고용노동부 · 한국산업인력공단

차 례

능력단위 교재의 개요 ·· 3

단원명 1 공정계획수립하기(15230202_14v2.1) ······································ 6
  1-1 제작공정도 작성하기 ·· 6
  1-2 공정 변경하기 ··· 10
  1-3 공정계획 수립하기 ·· 13
  교수방법 및 학습활동 ··· 22
  평가 ··· 23

단원명 2 가공방법 검토하기(15230202_14v2.2) ···································· 25
  2-1 가공 품질을 위한 가공방법과 적정 공구 결정하기 ························· 25
  2-2 가공부하를 해소하기 위한 가공순서 결정하기 ································· 34
  교수방법 및 학습활동 ··· 43
  평가 ··· 44

단원명 3 대체공정 수립하기(15230202_14v2.3) ···································· 46
  3-1 부품을 가공하기 위한 대체 공정을 예측하기 ·································· 46
  3-2 수작업을 최소화 할 수 있는 대체공정 수립하기 ···························· 48
  교수방법 및 학습활동 ··· 63
  평가 ··· 64

단원명 4 공정 개발하기(15230202_14v2.4) ·· 66
  4-1 공정 작업지시 결정하기 ·· 66
  교수방법 및 학습활동 ··· 78
  평가 ··· 79

학습 정리 ·· 81

종합 평가 ·· 90

참고자료 및 관련 사이트 ··· 97

사출금형 제작 공정설계 교재 개요

능력단위 학습목표

- 금형제작 일정에 따라 가공이 완료될 수 있도록 공정계획을 수립하고 제작공정도를 작성할 수 있다.
- 계획 변경 시 가공공정이 원활하도록 신속한 공정변경을 할 수 있다.
- 설계 변경 시 대응할 수 있는 공정계획을 수립할 수 있다.
- 도면에 의거한 가공품질을 확보하기 위한 가공방법과 적정공구를 결정할 수 있다.
- 가공시간을 줄일 수 있는 가공방법과 적정공구를 결정할 수 있다.
- 가공부하를 해소하기 위하여 가공순서를 유기적으로 변경할 수 있다.
- 도면에 의거한 부품을 가공하기 위하여 대체공정을 예측할 수 있다.
- 효율향상을 위한 새로운 가공기술과 가공방법을 응용할 수 있다.
- 가공 완성도를 향상시킬 수 있는 공정작업지시를 할 수 있다.
- 여러 가공공정을 단일가공설비로 해결할 수 있는 복합가공을 응용할 수 있다.

선수학습

- 금형, 가공 용어
- 금형제작 시방서의 이해
- 소재/부품의 특성에 대한 지식
- 가공공정에 대한 지식
- 생산설비에 대한 기능 및 사양에 대한 지식
- 원가에 대한 지식
- 성능검사 항목

사출금형 제작 공정설계

교육훈련내용 및 훈련시간

단원명	세부 단원명	교육훈련시간
1. 공정계획 수립하기	1-1. 제작공정도 작성하기 1-2. 공정변경 하기 1-3. 공정계획 수립하기	4
2. 가공방법 결정하기	2-1. 가공 품질을 위한 가공방법과 적정 공구 결정하기 2-2. 가공부하를 해소하기 위한 가공순서 결정하기	4
3. 대체공정 수립하기	3-1. 부품을 가공하기 위한 대체 공정을 예측하기 3-2. 수작업을 최소화할 수 있는 대체공정 수립하기	4
4. 공정 개발하기	4-1. 공정 작업지시결정하기	3

색인 목록

공정관리	6
공정표	9
부하량	10
절삭가공	25
밀링머신	26
드릴링머신	27
방전가공	27
와이어방전가공	28
머시닝센터	28
연삭	29
랩핑	29

사출금형 제작 공정설계 교재 개요

능력단위의 위치

NCS 수준	능력단위 명				
8수준					
7수준		사출금형제작공정설계 (15H)			
6수준	시험사출제품분석(15H)	사출금형제작일정관리(15H)	시제품 평가(15H)	사출금형조립검사(15H) / 사출금형수정(15H)	
5수준	사출제품도분석(15H)			사출금형경면래핑(15H)	
4수준	사출금형조립도설계(30H)	사출금형제작설비관리(15H) / 사출금형부품가공(60H) / 사출금형제작표준화 관리(15H)	사출시험작업(30H)	사출금형다듬질(15H) / 사출금형 고정측 조립(15H) / 사출금형 가동측 조립(15H) / 사출금형조립의 안전과 환경관리(15H)	
3수준	사출금형부품도설계(45H) / 가공지원도면작성(15H)	사출금형제작공정간 검사(15H)	사출성형공정검토(15H) / 제품도 및 금형도해독(15H) / 사출성형설비점검(15H)	사출금형조립부품검토(30H)	편심·나사작업(15H) / 공구선정(15H)
2수준	사출금형 3D부품 모델링(30H) / 사출금형 2D도면 작성(15H)	사출금형제작도면해독(15H)	시제품 측정(15H)	사출금형도면해독(15H)	기본작업(15H) / 단순형상작업(15H) / 홈·테이퍼작업(15H)
-	직업기초능력				
수준＼세분류	사출금형설계	사출금형제작	사출금형품질관리	사출금형 조립	선반가공

사출금형 제작 공정설계

단원명 1 공정계획수립하기(15230202_14v2.1)

1-1 제작공정도 작성하기

교육훈련 목표	• 금형제작 일정에 따라 가공이 완료될 수 있도록 공정계획을 수립하고 제작공정도를 작성할 수 있다.

필요 지식

1. 공정 관리

(1) 공정 관리의 개요

원자재가 제품이 되기까지에는 여러 가지 작업을 필요로 하는데, 그러한 작업에는 일정한 순서와 계열이 있으며, 부분적인 공정의 결합을 이루고 있다. 그와 같은 작업의 계열을 생산 공정이라고 한다. 일반적으로 근대적 대공장에서는 생산 공정이 매우 복잡한 콤비네이션에 의해 이루어지고 있기 때문에, 공정의 일부에 잘못이 생기면 생산 공정 전체가 영향을 받아, 제품 제조에 중대한 지장을 가져온다. 그러므로 각 부분공정과 작업을 생산물에 주목하면서 일정한 시간계획 하에서 규제·통제함으로써 모든 생산 공정의 흐름을 원활하게 하려는 것이 공정관리이다.

(2) 공정 관리의 분류 순서

공정관리에는 다음과 같은 방법이 있다. 즉, 우선 생산계획에 따라서 각 제품의 제조에 필요한 공정과 작업순서를 결정하고, 각 공정에 필요한 시간과 장소를 결정한다. 이 단계를 절차계획(節次計劃)이라 하며, 절차표가 작성된다. 다음으로 예정표에서 산출된 소요시간과 제품의 납기 등에 따라 필요한 일수(日數)를 일상생활에서 쓰는 연월일에 할당하여 일정(日程) 계획을 작성한다. 또한 각 작업에 일정을 매겨서 작업일정을 결정한다. 끝으로 일정계획에 따라 각 작업의 진행상황을 정확히 파악하고, 공정의 진행을 계획대로 진행하도록 조정·촉진한다. 이를 공정통제(工程統制)라 하며, 이와 같은 절차계획·일정계획·공정통제의 전 과정을 공정관리라 한다.

2. 공정관리 절차서

(1) 공정 관리 절차서의 작성목적

효과적인 공정관리를 위하여 공정관리의 절차와 작성 방법, 운영방법 등에 대하여 일반적인 작업절차서가 필요하다. 또한 공정관리 절차 서에 의해 작성해진 공정표에 따라 자재, 인력,

장비 등의 생산자원(Resource)이 효과적으로 이용되기 위해서도 절차서 작성은 필요하다.

(2) 공정 관리 절차서 구성내용
(가) 공정관리 조직 구성
① 발주처 ② CM ③ 관리자 ④ 작업 공정관리팀 작업 대리인 ⑤ 공정 관리 조직
⑥ 기계설비, 전기, 보조 업무, 공무, 토목 등

(나) 각 조직의 책임/ 권한/ 역할 정의
① 발주처
   ⓐ Project Milestone (Project Sceduling)결정
   ⓑ 각종 작업 부품 구매 계약 조건 결정
   ⓒ 작성된 공정표 검토
② CPM
   ⓐ 발주처의 요구 설계 및 시공 활동, 외주 작업 회사에 의한 정보를 CPM Network에 종합 공정표로 작성
   ⓑ 주요 Milestone에 대한 공사 수행 현황을 측정
   ⓒ 납기 지연 시 원인 파악 및 대책 수립
③ 설계/ Consultant : 예비 및 최종 설계/ 용역 일정표 작성
④ 작업 현장 부서 및 외부 회사
   ⓐ 상세 작업 공정표 작성/ 제출
   ⓑ 각종 Procurement 발주 Lead Time

(다) 공정표 작성 순서
① 착수 회의
② 정보 수집
③ 작업분류체계(Work Breakdown Structure) 구성
④ 공정표 작성
⑤ 작성된 공정표에 대한 공정관리 효율성을 극대화하기 위하여 보고서 형식 등과 부합 되도록 통일성 유지

(라) 공정관리 System 운영
① 공정표의 주기적인 업 데이터(Up Date)
② 공정표 개정
③ 공정관리 보고
④ 정기적인 공정회의 개최
⑤ 공정지연 시 원인 분석 및 대책 수립/ 공정대기

사출금형 제작 공정설계

(3) 공정관리 절차

(가) 공정계획 및 일정계산(Time Planning/ Time Estimating)
① 도면과 시방서를 중심으로 작업을 분류
② 작업순서 결정
③ 각 작업의 소요기간을 산정하여 공정표를 구성(Time Estimating)
④ 공정별 견적서를 토대로 작업 분류에서 작성된 작업에 해당하는 수량과 금액을 할당

(나) 일정계획(Scheduling)
① 각 작업의 착수와 완료일정 및 여유시간(Float)을 계산하고 전체 공정기간을 산정한다.
② 공정관리 이론을 적용하여 작업기간을 평균화 하거나 적절하게 배정한다.
③ CPM 일정 계산법을 이용하여 Early Start/Finish Time, Late Start/Finish Time의 일정을 계산하고 주공정(critical path)을 찾는다.

(다) 진도 관리(Control)
① 실제공사의 진행과 계획된 예정공정을 비교하여 측정한다.
② 공정 지연 등 문제가 발생하였을 때는 지연 원인을 분석하고 공정를 완화하기 위하여 필요한 조치를 취하고, 필요시 공정표를 수정한다.
③ 각 시점에서 수집된 공사 진행 자료를 공정표와 비교하여 공사 진도율을 산정하고 작업 일정의 조정이 필요한 경우는 일정계획을 재수립한다.

3. 공정표 작성요령

공정표(Process Record)에는 부품을 작업자가 가공하는데 필요한 여러 가지 요소들을 기록하여 작업이 완료될 때까지 부품과 함께 공정별로 이동되어 간다. 공정표 작성요령은 다음과 같다.
① 제작신청서에 있는 작업번호를 기록한다.
② Part List 우측하단에 있는 설계사의 이름을 기록한다.
③ 공정설계한 날짜를 기록한다.
④ 공정설계사를 확인을 한다.
⑤ 공정설계 팀장 또는 관리자 확인을 한다.
⑥ Part List 우측하단에 있는 도면번호를 기록한다.
⑦ 공정설계원의 이름을 기록한다.
⑧ Process Record의 페이지수를 기록한다.
⑨ 신작, 개조, 증작, 개조/증작, 유보, A/S, 수주의 형태에 따라 선택 표시(   )를 한다.
⑩ 부품의 번호를 기록한다.
⑪ 공정의 기호(NM2, FG1, UL1,...등)를 기록한다.
⑫ 공정의 S.T(단위: 분)를 기록한다.
⑬ 인접 품번을 기록한다.

⑭ 인접 품번의 인접공정의 번호를 기록한다.
⑮ 제품의 모델 또는 제품의 명칭을 쉽게 알아볼 수 있도록 기록한다.
⑯ Total 가공시간(단위: 시간)의 합을 기록한다.
⑰ 순수자작 가공시간(단위: 시간)의 합을 기록한다.
⑱ Main Process의 마지막란에(* *)를 표시한다.
⑲ 부품의 재질, 수량, 부품의 명칭을 기록한다.

4. 공정표

공정표(Process Record)는 제품의 종류에 따라, 생산 방식에 따라, 회사에 따라 조금씩 양식을 변경하여 사용하고 있으나 기본적인 개념은 동일하다.

[그림1-1-1] 프레스·몰드 공정표

사출금형 제작 공정설계

1-2 공정 변경하기

| 교육훈련 목표 | • 계획 변경 시 가공공정이 원활하도록 신속한 공정변경을 할 수 있다. |

필요 지식

1. 기계 공구 장비의 소요량

매일 또는 주간별로 소요되는 제품의 수량에 대한 정보수집을 한다.

(1) 부하량 계산
- 생산이 계획대로 수행되도록 작업량과 보유능력을 조정하는 것을 말한다.
- 공수계획의 순서
- 부하의 계산 : 생산계획에 정해진 생산수량을 작업량으로 환산
  총 공수 = 기준공수 × 1개월의 생산수량
- 능력의 계산 : 작업원 및 기계설비가 표준적인 가동 상태에서 가지고 있는 작업 능력
  기계능력 = 1개월 가동 일수 × 1일 실 가동시간 × 가동률 × 기계대수
- 인적작업능력 = 작업원 수 × 능력 환산계수 × 1개월 실 가동시간 × 2) 가동률
- 부하와 능력의 조정
  부하 > 능력 (능력보다도 부하가 큰 경우)
  * 능력을 증대하거나, 부하를 능력에 맞추어 감소시키는 방법 활용
  부하 < 능력 (부하가 적고 능력에 여유가 있는 경우)
  * 여유 있는 능력을 다른 곳에 활용 또는 부하를 증가시킴.

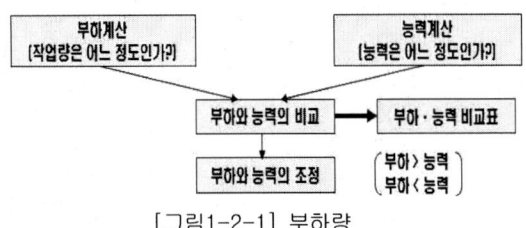

[그림1-2-1] 부하량

2. 제조공정 선정의 기본규칙

(1) 제조공정 선정의 기본
① 공정은 품질, 기능 및 신뢰성에 대한 모든 설계 조건을 충족 되도록 하여야 한다.

② 일일 생산소요량을 충족시켜야 한다.
③ 기계 및 공구를 충분히 활용해야 한다.
④ 기계의 정지 시간을 최소화 한다.
⑤ 공정은 최소의 재료를 최대로 활용해야 한다.
⑥ 제품설계의 합리적 변화에 적응할 수 있어야 한다.
⑦ 단 기간에 상환해야 할 자금은 가능한 적게 한다.

(2) 제조공정 선정의 절차
(제1단계) 공정의 목표설정 : 제품의 기능, 경제성, 외관
(제2단계) 문제에 대한 정보 수집 : 부품도, 연간 생산량, 생산기간, 원자재 소요량, 비용, 필요한 장비의 사용가능성.
(제3단계) 대안 공정의 계획 : 여러 가지 대안의 계획, 자체 생산 및 외주의 비교
(제4단계) 대안 공정의 평가 : 최상의 제조방안 결정
(제5단계) 조치과정의 진행 : 작업순서 계획, 공정 총괄 표 작성, 소요 치공구, 장비 및 운반장치의 설계/구매, 공간 계획
(제6단계) 조치확인 및 점검

3. 공정 개선

품질, 비용(Cost) 개선을 목적으로 공정의 요인 "주로 4M" (자재,장비,사람,방법)에 대하여 조사, 해석을 실시하고, 가장 알맞은 공정으로 개선하는 활동을 이야기 한다.
공정 개선이 필요한 경우
○ 규정된 표준대로 작업을 하여도 얻어진 결과가 목표 미달
○ 규정된 표준대로 작업을 해 온 결과, 당초의 목표를 거의 만족시키고 있으나 시장 등 고객요구(Needs)의 변화로 더욱 높은 수준(Level)의 공정이 필요
○ 규정된 표준대로 작업을 할 수 없어서 결과가 목표미달인 경우 등, 세 가지가 있으며, 어느 경우이건 먼저 충분히 현상파악을 한 다음, 문제점을 정확히 파악하여 대책을 강구할 필요가 있다

(1) 공정 개선의 순서
문제를 해결하는 방법에는 여러 가지가 있으나 QC 분야에서는 다음과 같은 Data 에 입각한 실증적 문제 해결법이 그 적용범위의 광범위성과 확실성 때문에 널리 활용되고 있으며, QC적 문제해결법, 또는 QC Story라고 부르기도 한다. 이는
① 테마
② 선정이유
③ 현상의 파악
④ 해석

사출금형 제작 공정설계

⑤ 대책
⑥ 효과의 확인
⑦ 표준화
⑧ 남은 문제와 앞으로의 진행법 등과 같은 8개 Step으로 구성되어 있다. 원래 품질 절차 (QC Story)는 과거의 문제해결 사례를 다른 사람에게 알기 쉽게 설명하기 위해 마련된 보고서 구성의 Step이었다. QC Story라는 명칭도 그러한 점에서 연유된다. 그 후 실제로 문제를 해결할 때의 진행법으로서도 매우 유효하다는 점이 확인되었기 때문에 문제 해결법으로서 널리 활용되기에 이른 것이다.

단원명 1 공정계획수립하기

1-3 공정계획 수립하기

교육훈련 목 표	• 설계 변경시 대응할 수 있는 공정계획을 수립할 수 있다.

필요 지식

1. 공정설계

(1) 공정설계의 개요

공정설계는 제품의 품질, 수량, 비용과 납기일을 주의 깊게 고려해서 제품의 생산에 필요한 최적 공정의 결정, 또는 작업순서와 필요한 툴링을 제시하는 체계적인 절차이다. 공정설계는 가장 좋은 공정 및 공정순서의 선정, 사용할 특정 장비의 선정, 사용할 툴링의 선정 및 특수한 공구의 위치결정 지점을 명시하는 문제를 다룬다.

(2) 공정 설계의 기능

  (가) 공정설계에서 다루는 일들
        ① 적합한 공정 순서의 선택
        ② 적합한 소요 장비의 선정
        ③ 적합한 소요 치공구(Tooling)의 선정
        ④ 적합한 위치결정 및 가공부위 결정

  (나) 참고: 생산자원 4요소 (4M)
        ① Material (자재) : 주자재, 보조자재
        ② Machine (장비) : 시설, 장비, 치구, 공구
        ③ Man (사람) : 작업자, 관리자, 경영자
        ④ Method (방법) : 공정도, 표준, 절차

(3) 공정 계획

공정의 계획에는 다음의 기능을 결정 하는 것을 말한다.
  가) 계획기능 : 언제까지 어떻게 하여 제품을 완성시킬 것인가를 미리 결정하는 것
  나) 통제기능 : 실제의 작업을 계획대로 추진하도록 조정하는 활동

(4) 재료 계획

금형 생산에 필요한 재료를 생산 개시 일까지 확보할 수 있도록 계획을 수립하는 것.

사출금형 제작 공정설계

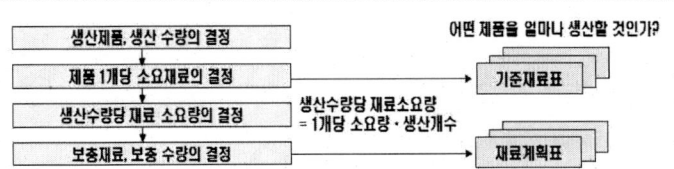

[그림1-3-1] 재료 계획 절차

(5) 가공 공정의 순서 계획
제품을 제조하기 위한 가장 능률적인 작업의 순서/방법을 계획하는 것.
순서계획의 중요항목
○ 필요한 작업의 내용, 각 작업의 실시 순서, 필요한 재료의 종류와 수량
○ 각 작업에 사용할 기계와 지그/공구, 각 작업의 소요시간 내지 표준시간

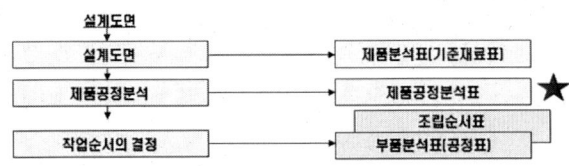

[그림1-3-2] 가공 공정 절차

(6) 부품의 분석
공정 계획을 하는 데에 있어서 부품에 대한 분석을 하여 해당 공정으로 분류하는 것이 좋다.
(가) 부품 분석의 요령
- 제품을 만드는데 소요되는 부품결정
- 설계도면에 의거해서 소요 부품을 표시하는 제품 분석표 작성
(나) 부품 공정분석
- 필요한 부품에 관하여 어떠한 가공을 할 것인가
- 어떠한 순서로 가공해야 할 것인가를 결정

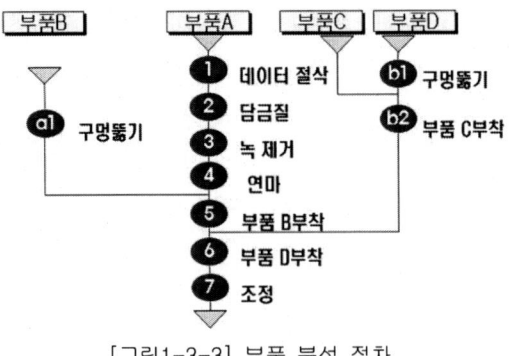

[그림1-3-3] 부품 분석 절차

2. 공정의 분류

(1) 기본 공정
공정이 계획되기 전에 재료에 최초의 형상을 부여하는 공정으로, 독특한 특성을 가지며 보통 방대한 시설을 필요로 한다.

(2) 주공정
골격을 이루고 있는 모든 공정이나 핵심적인 제조공정을 모두 포함하며 제조공정을 계획하는 공정설계기사의 위치에 따라서 공정의 분류도 달라진다.

- (가) 절삭(Cutting) : 경도가 높고 날카로운 공구로 고체 상태의 원자재를 칩의 형태로 제거하는 공정
  밀링, 드릴링, 선삭, 형삭, 브로칭, 연삭, 호닝, 래핑 등
- (나) 성형(Forming) : 재료의 소성을 이용하여, 큰 힘을 가함으로써 원하는 모양으로 만드는 공정.
  단조(Forging), 압연(Rolling), 압출(Extrusion), 펀칭(Punching), 압인가공(Coining), 트리밍(Trimming), 스웨이징(Swaging), 드로잉(Drawing), 스피닝(Spinning)
- (다) 주조 : 모래 주조, 영구 몰드 주조, 쉘 몰드 주조, 정밀주조, 다이 캐스팅, 원심 주조, 플라스틱 몰딩
  ① 주조 : 용융된 금속을 모래, 석고, 금속 등으로 만든 주형에 주입하여 주형의 공동과 같은 형상으로 제품을 만든다.
  ② 몰딩 : 분말 또는 과립상태의 소재를 기계 안에서 가열하고 가압하여 금속주형에 주입하는 공정.
- (라) 방전가공 : 피가공재와 전극간에 펄스상 방전 전압을 주어 불꽃 방전을 반복하여, 피가공재를 전극에 맞게 제거하고, 목적한 형상으로 만드는 가공법.
- (마) 고속가공 : 일반적으로 높은 스핀들 스피드와 빠른 가공 속도로 가공하는 방법을 의미하며 구체적으로 빠르게만 가공하는 것이 아닌 고효율(High Efficiency)의 가공 방식을 의미한다.
- (바) 건드릴 가공 : 총열 가공에 적합한 드릴 머신임. 표준의 드릴(Drill)로 가늘고 긴 구멍을 똑 바로 가공하기는 매우 어렵다. (대략 직경보다 5배 이상 깊은 경우)건 드릴은 절삭유(압축공기 혹은 적절한 냉각제)가 드릴의 홈을 따라 절삭면으로 공급되어지는 구조이다.
- (사) 다듬질(Finishing)
  세척(Cleaning), 도장(Painting), 버핑(Buffing), 블라스팅(Blasting), 도금(Plating), 폴리싱(Polishing), 디버링(Deurring), 열처리(heat Treatment)
- (아) 조립(Assembly) : 여러 개의 부품을 조립하여 최종 제품을 얻는 공정.
  영구적 결합(용접), 볼트 결합, 리벳 결합 남땜(Soldering), 접착(Cementing), 경 남땜(Brazing), 압입 끼워 맞춤(Press fitting), 용접(Welding), 수축 끼워 맞춤(Shrinking

Fitting)

(3) 주요공정
반드시 이루어져야 하고, 순서상 중요한 주공정 내에서 수행되는 공정. 절삭이 주공정인 경우 선삭, 밀링, 브로칭, 드릴링과 같은 것이 중요공정이 된다. 주요공정을 분류하면 다음과 같다.
① 주요공정 : 제품주요부위 및 공정주요부위를 가공
② 2차 공정 : 중요성이 그리 크지 않은 공정으로, 공작물에 기능적 목적을 갖고 있으나 일반적으로는 표준도면 공차에 맞추어 수행된다.
③ 위치결정면 가공공정
④ 위치결정면 재가공공정

다음은 금형의 설계 제작의 흐름 도를 나타낸 것으로 금형 설계 제작의 경우에는 모두가 중요 공정으로 간주 하고 있다.

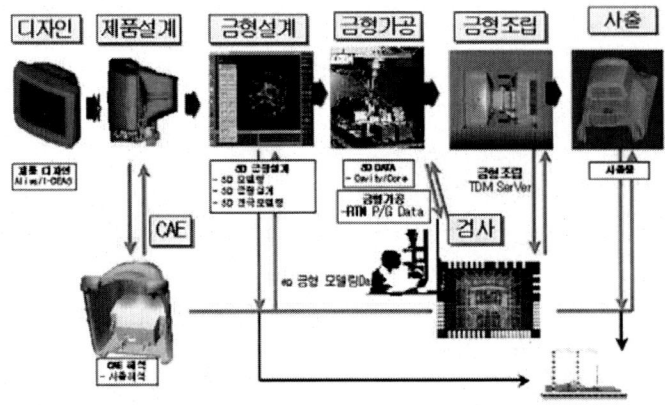

[그림1-3-4] 공정설계

(4) 보조공정
주공정의 지속과 완료를 보장하기 위해 필요한 공정으로 공작물의 물리적 특성이나 외관을 변화시킨다. 가끔 그자체가 주공정으로 나타날 수 있고, 일반적으로 공작물에 가치를 부여한다.

(5) 지원공정
출고 및 수령, 검사 및 품질관리, 운반, 포장 등과 같이 주공정에 도움을 주는 공정. 지원공정은 단지 비용이 가해질 뿐이며 공작물의 가치를 보존하는 데 도움을 주고, 공작물의 물리적 특성이나 외관에 영향을 주지 않는다.

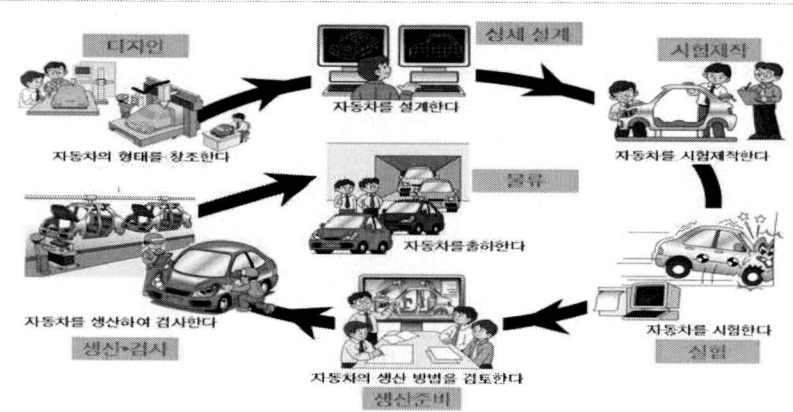

[그림1-3-5] 공정가공 흐름도

3. 공정설계의 문서화

제조공정이 설계된 다음에는 공정을 기술하는 문서가 작성되어져야 한다. 공정문서는 현장책임자가 작업조직을 구성하고 각 작업자에게 작업을 수행시키기 위한 지침 역할을 한다. 공정문서는 생산준비와 일정계획의 기초가 된다. 공정문서는 공정표의 양식으로 되어 있고, 상세한 공정설계계획을 위해서는 두 종류의 공정문서, 공정순서 계획표와 작업표가 요구된다. 공정순서 계획표는 부품 전반적인 제조공정이 기술된 양식이다. 양식에 포함된 항목은 공정 작업순서 및 작업내용, 장비, 공구, 계측기, 작업자의 직급, 표준시간 등이다.

<표1-3-1> 공정표

금성 주식회사	공정 경로표			제품번호		쪽번호
				부품번호		
				부 품 명		
재 료		원자재 형 식		로트크기	수 량	
작업번호	작업명	기계명	지그 또는 고정구	공 구	표준 시간	비 고
				계획자	승인자	
				날 짜	날 짜	
변경번호	승인자	날 짜		발행번호	발행날짜	

사출금형 제작 공정설계

    작업표는 각 작업을 위해 작성되며, 작업자에게 그 작업을 적정하게 수행할 수 있도록 지시하기 위해서 사용된다. 이 양식에 포함된 상세한 정보는 공작물 셋팅방법, 작업요소의 내용과 순서, 장비와 공구, 선정된 가공조건, 표준시간의 산출 등이다. 작업을 명확히 설명하기 위해 작업표에 작업물을 스케치하는 것이 좋다. 스케치에는 현 작업자의 완성까지의 작업물 형상이 주어진다. 위치선정과 클램핑을 위한 작업면이 명시된다. 작업자가 달성해야 할 모든 규정치수, 허용공차와 기술적 규격이 주어져 있다. 이것은 부품도면 없이 작업을 수행할 수 있도록 해준다.

<표1-3-2> 작업표

금성 주식회사	공정경로표	부품번호		부품명	제품번호	쪽번호
작업번호	작 업 명	재료	경도	기계명	지그 또는 고정구	표준시간
(작업물 스케치)						
작업순서	작업요소	공구	계측기	N rpm	f ㎜/rev	D ㎜	비고

			계획자		날 짜	
			승인자		날 짜	
변경번호	승인자	날 짜	발행번호		발행날짜	

단원명 1 공정계획수립하기

실기 내용

1. 제작공정도 작성하기
(1) 금형설계도면을 준비한다.

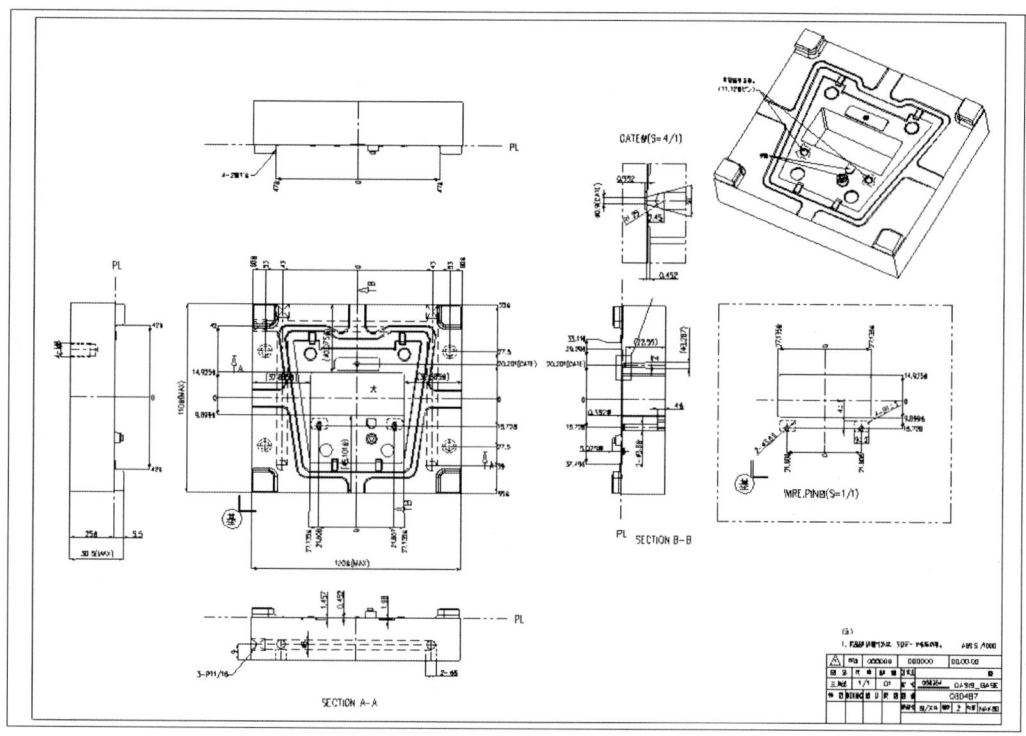

[그림1-3-6] 금형 도면

① 간단한 금형설계 도면을 준비한다.
② 5명 정도의 인원으로 팀을 구성한다.

(2) 금형도면을 파악한다.
① 각 도면에 공정들을 파악한다. (밀링, 선반, 연마 등)
② 기계가공에 대해서 조사한다.

(3) 도면마다 기계가공을 작성한다.
① 도면 1장에 가공할 수 있는 기계가공법들을 작성한다.(밀링, 선반, 연마 등)
② 도면마다 가능한 가공법을 작성한다.

사출금형 제작 공정설계

(4) 도면에서 가공 가능한 시간을 조사한다.
① 도면에 표기된 가공법들에 대한 가공시간을 조사한다.

(5) 가공시간을 기입한다.
① 각각의 가공법들에 대한 시간을 작성한다.
② 전체 가공 시간을 작성한다.

(6) 공정표를 작성한다.
① 전체 가공방법들을 표에 기입한다.
② 전체 가공 시간을 표에 기입한다.

장비 및 도구, 소요재료

구 분	명 칭	규격(사양)	1대당 활용인원
장 비	컴퓨터		1인
	프린터		10인
	2D, 3D CAD S/W		1인
공 구	계산기, 메모지, 펜		1인
	한글, Microsoft office 등 문서작성 S/W		1인

안전유의사항

1. 안전유의사항
 - 도면검토의 정확성
 - 납품일정 및 생산일정을 준수하려는 태도
 - 제작공정의 정확성
 - 작업공정에 대한 총괄적 사고
 - 환경을 고려한 공정

단원명 1 공정계획수립하기

관련 자료

1. 관련 자료
   - 생산계획서, 공정관리계획서
   - 금형제작 시방서 및 도면
   - 금형 소재 물성표
   - 금형 표준 부품의 사양
   - 금형설계 표준자료집 (KS 및 ISO 규정집)
   - 가공공정 표준서
   - 가공설비의 리스트 및 가공시간 산출표
   - 작업 표준서/지시서
   - 설계변경 요청서

사출금형 제작 공정설계

단원명 1 교수방법 및 학습활동

교수 방법

- 공정계획에 대해 파워포인트(PPT) 등의 도구를 사용해 설명한다.
- 금형도면을 준비하여 도면에서 가공되는 방법에 대해서 설명한다.
- 기계 가공방법에 대해서 설명한다.
- 그림이나 동영상 등의 보고재를 활용하여 설명한다.
- 공정표에 대해서 설명을 한다.

학습 활동

- 기계가공법에 대해서 서로 토의할 수 있도록 한다.
- 기계가공법에 대해서 발표할 수 있도록 한다.
- 금형도면에 대한 분석하도록 한다.
- 기계가공법에 대해서 숙지할 수 있도록 한다.
- 공정표를 작성할 수 있도록 한다.
- 공정표의 의미를 파악할 수 있도록 한다.
- 공정표의 작성 방법을 이해하도록 한다.

단원명 1 공정계획수립하기

단원명 1 평가

평가 시점

- 공정계획에 대해서 교육 중 각 그룹별로 발표하여 평가한다.
- 공정계획에 대해서 중간고사나 기말고사는 객관식 문제, 단답형 및 주관식으로 평가한다.

평가 준거

평가영역	평가항목	성취수준				
		잘모른다	미흡하다	보통이다	알고있다	잘알고있다
공정계획 수립하기	공정계획을 수립할 수 있는가? 제작공정도를 작성할 수 있는가?					
	계획 변경시 신속한 공정변경을 할 수 있는가?					
	설계 변경에 대응할 수 있는 공정계획을 수립할 수 있는가?					

평가 방법

평가영역	평가항목	평가방법
공정계획 수립하기	공정계획을 수립할 수 있는가? 제작공정도를 작성할 수 있는가?	토론, 발표 및 문제풀이로 평가
	계획 변경시 신속한 공정변경을 할 수 있는가?	
	설계 변경에 대응할 수 있는 공정계획을 수립할 수 있는가?	

사출금형 제작 공정설계

피드백

1. 문제해결 시나리오
   - 문제 해결 진행 과정 중 필요시마다 피드백을 제공하여 문제 해결을 용이하게 한다.

2. 사례연구
   - 금형도면을 준비하여 학습자들끼리 도면을 검토하고, 기계 가공법에 대해서 조사한다.
   - 조사한 내용을 서로 공유할 수 있도록 문서를 작성하여 제시한다.
   - 조사, 발표한 내용을 평가한 후에 수정 사항과 주요 사항을 표시하여 다음 수업 시작 시간에 확인 설명한다.

3. 구두발표
   - 발표 과정마다 오류 사항과 주요 사항을 점검, 조정한다.

평가 문제

1. 공정관리란 무엇인가?

2. 제조공정의 선정 절차는 6단계로 나눈다. 제조공정의 선정 절차 6단계 대해서 설명하시오?

3. 공정설계는 제품의 품질, 수량, 비용과 납기일을 주의 깊게 고려해서 제품의 생산에 필요한 최적 공정의 결정, 또는 작업순서와 필요한 툴링을 제시하는 체계적인 절차이다. 공정설계는 가장 좋은 공정 및 공정순서의 선정, 사용할 특정 장비의 선정, 사용할 툴링의 선정 및 특수한 공구의 위치결정 지점을 명시하는 문제를 다룬다. 공정 설계의 기능 중 생산 자원 4요소 (4M) 에 대해서 설명하시오?

단원명 2 가공방법 검토하기

단원명 2　가공방법 검토하기(15230202_14v2.2)

2-1　가공 품질을 위한 가공방법과 적정 공구 결정하기

| 교육훈련 목표 | • 도면에 의거한 가공품질을 확보하기 위한 가공방법과 적정 공구를 결정할 수 있다. |

필요 지식

1. 기계선정 및 가공방법

 (1) 절삭가공 과 공작기계

  (가) 가공방법 분류에 의한 공작기계

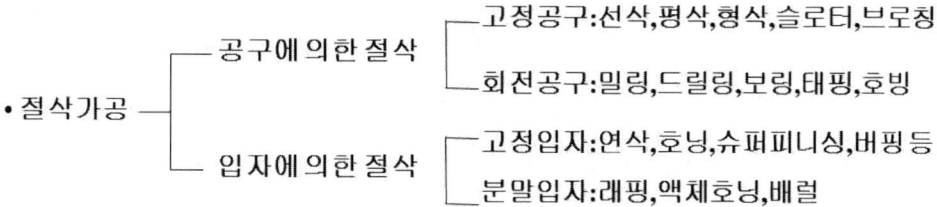

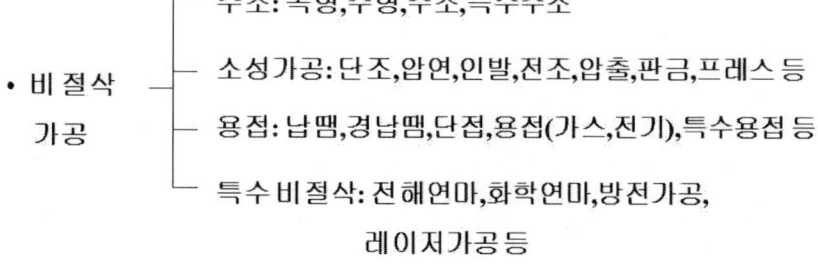

(나) 절삭 공구 분류에 의한 공작기계

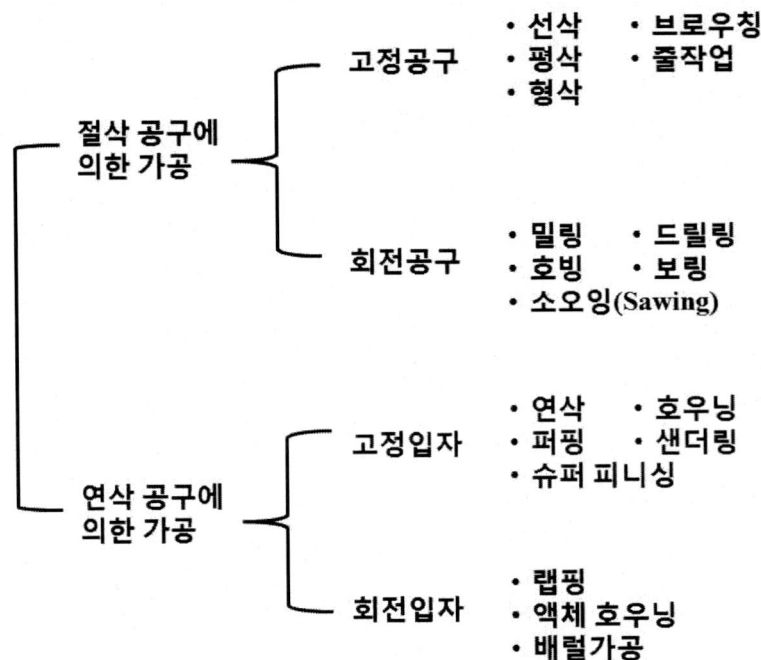

(2) 3D 금형도에 의한 가공방법 결정

[그림2-1-1]은 하측 3D 금형도를 나타내었다. 가공은 냉각이나 볼트 부위를 가공하기 위하여 드릴가공이 필요하고, 정확한 치수로 가공하기 위하여 연마 가공도 필요하다. 그 밖에 밀링, 와이어 방전가공, 형조 방전 가공, CNC 고속 가공이 필요하다.

[그림2-1-1] 3D 금형부품 코어

(가) 밀링 머신

밀링커터를 장치하여 회전운동을 하는 주축(主軸)과 가공물을 장치하여 이송하는 테이블이 있으며, 그 구조에 따라 니형(무릎형)·베드형으로 분류한다. 주축에 고정된 절삭 공구 회전, 일감을 전후, 좌우, 상하로 직선 이송을 한다.

[그림2-1-2] 범용 밀링머신

(나) 드릴링 머신

전동기에 의해 회전하는 축에 드릴과 같은 절삭 공구를 고정시키고, 회전시키면서 수직 운동을 하여 구멍을 뚫을 때 사용하는 공작 기계. 크기나 작업 형태에 따라 핸드 드릴링 머신, 직립 드릴링 머신, 레이디얼 드릴링 머신, 탁상 드릴링 머신, 평 드릴링 머신, 다축(多軸) 드릴링 머신 등 여러 가지 종류가 있다.

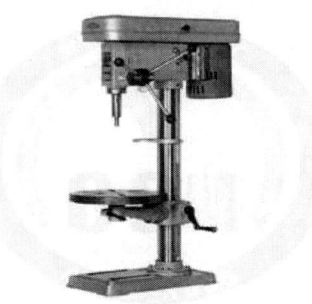

[그림2-1-3] 탁상 드릴링 머신

(다) 방전가공

전기절연성 액체(등유나 이온교환수 등)중에서 피가공재와 전극간에 펄스상 방전 전압을 주어 불꽃 방전을 반복하여, 피가공재를 전극에 맞게 제거하고, 목적한 형상으로 만드는 가공방법을 말한다. 피가공재에 도전성이 있다면, 재질, 경도, 취성에 관계없이 가공할 수 있으며, 피가공재에 압력이 걸리지 않기 때문에, 얇은 박과 같은 것도 변형되지 않고 가공할 수 있다. 방전 가공은 특정한 형상의 전극(동이나 흑연 등)을 사용한 방전 가공과 세선

(細線)(동이나 텅스텐)을 전극으로 한다.

[그림2-1-4] 방전 가공

(라) 와이어 컷 가공

주행하는 와이어 전극과 공작물 사이에서 방전을 일으켜 발생하는 스파크를 이용하여 가공물을 잘라내는 가공 방법이다. 와이어컷 가공 또는 와이어 방전가공이라고도 한다.

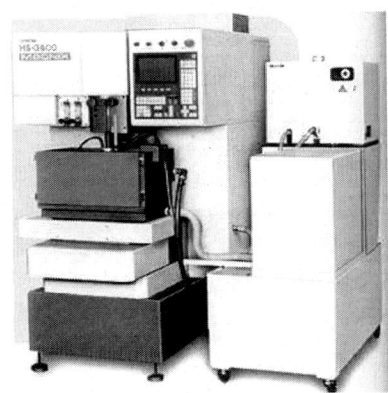 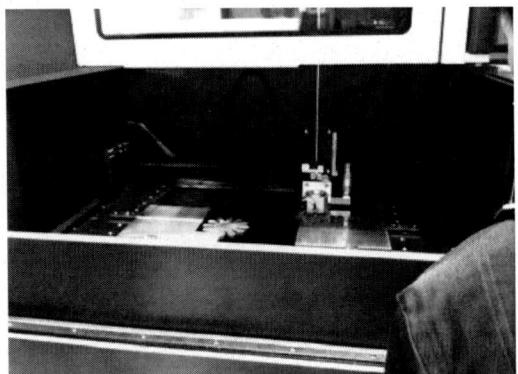

[그림2-1-5] 와이어 컷 가공

(마) 머시닝센터

주축(主軸)의 운동 방향에 따라 수직형 M/C와 수평형 M/C, 기종(機種)으로 구분한다. 머시닝센터의 운동은 직선운동 · 회전운동 · 주축회전의 세 가지가 있으며, 이들 운동은 수치제어(數値制御:NC) 서보와 NC스핀들에 의해 위치결정과 주축속도가 제어된다. 머시닝센터의 구성은 기계 본체와 20~70개의 공구를 절삭조건에 맞게 자동적으로 바꾸어 주는 자동공구교환대(Automatic Tool Changer:ATC) 및 NC장치로 되어 있다. 단 한 번의 세팅으로 다축가공(多軸加工) · 다공정가공이 가능하므로 다품종 소량부품(多品種少量部品)의 가공공정

자동화에 가능하다.

[그림2-1-6] CNC 고속가공

(바) 연삭

숫돌을 고속으로 회전시켜 피절삭물 표면을 미세한 가루로 제거하는 정밀 가공법을 말한다. 완성 면의 거칠기는 보통 3㎛정도 이하 이지만 입도가 미세한 숫돌을 사용하면 최대 거칠기는 0.1~0.3㎛의 경면 완성을 할 수 있다. 인쇄용 롤에서는 동·도금면을 연삭, 가공하여 경면를 얻을 수 있다.

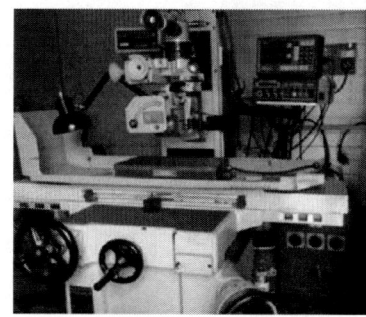

[그림2-1-7] 연삭가공

(사) 랩핑(Lapping)

랩핑은 매끈한 표면을 얻는 가공 방법이다. 금속, 보석 등을 가공하고, 마모현상을 응용한 방법으로 많이 사용하고 있다. 일반적으로 가공물과 랩 사이에 미세한 분말 상태의 랩제를 넣고, 가공물에 압력을 가하여 상대운동을 시켜 표면 거칠기가 매우 우수한 가공면을 얻는 가공 방법이다.

랩핑의 장점
① 가공면이 매끈한 거울면을 얻을 수 있다.

② 정밀도가 높은 제품을 가공할 수 있다.
③ 가공면은 윤활성 및 내마모성이 좋다
④ 가공이 간단하고, 대량생산이 가능하다.
⑤ 잔류응력 및 열적 저항을 받지 않는다.
⑥ 가공면은 내식성과 내마모성이 양호하다.

랩핑의 단점
① 가공면에 랩제가 잔류하기 쉽고, 제품 사용시 잔류한 랩제가 마모를 촉진 시킨다.
② 고도의 정밀 가공은 숙련이 필요하다.

[그림2-1-8] 랩핑가공

2. 가공 방법

(1) 절삭가공 방법

주조 품이나 단조품, 또는 일반 소재를 요구하는 모양과 치수대로 절삭한다.

○ 절삭공구, 단인공구(Single Point Tool): 선반 바이트

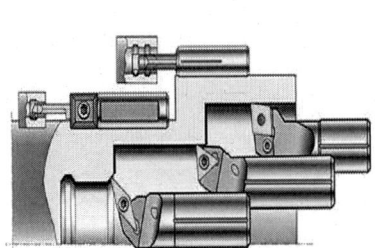 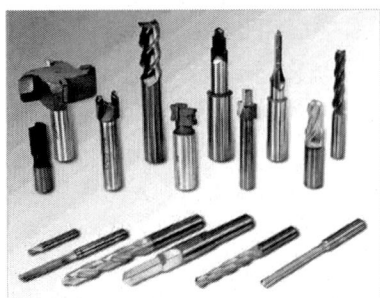

[그림2-1-9] 절삭공구 및 단인 공구

○ 다인공구(Multi Point Tool): 밀링커터, 드릴, 엔드밀

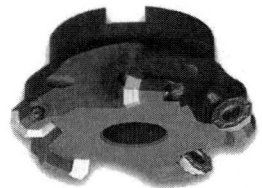

[그림2-1-10] 다인 공구

○ 사용 공구에 따라 칩의 크기나 모양도 다양, 절삭 조건에 따라 제품의 표면 거칠기에 영향을 준다.

(2) 숫돌 입자에 의한 가공
연삭(Grinding)은 매우 굳고 뾰족한 날을 무수히 많이 가지고 있는 숫돌을 회전시켜 일감의 표면을 조금씩 가공하는 방법

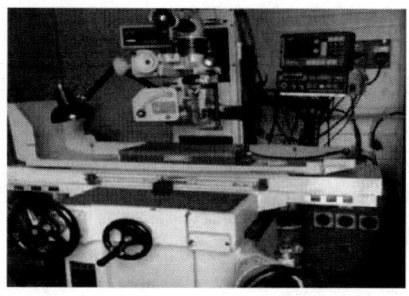

[그림2-1-11] 연삭기계 및 연삭 숫돌

(3) 유리 입자에 의한 가공
숫돌바퀴를 수성하고 있는 입자의 가루를 경유나 머신유와 같은 광물성이나
식물성 기름과 혼합한 가공액을 일감의 표면에 공급하며 가공한다.

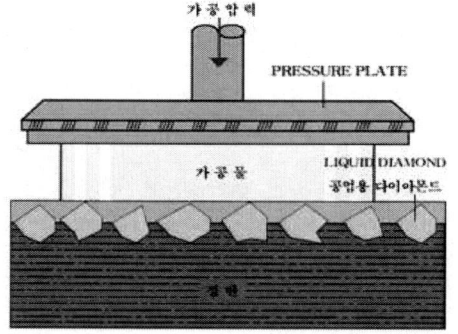

[그림2-1-12] 유리 입자 가공

사출금형 제작 공정설계

실기 내용

1. 가공 품질을 위한 가공방법과 적정 공구 결정

　(1) 3D, 2D 금형도면을 준비한다.

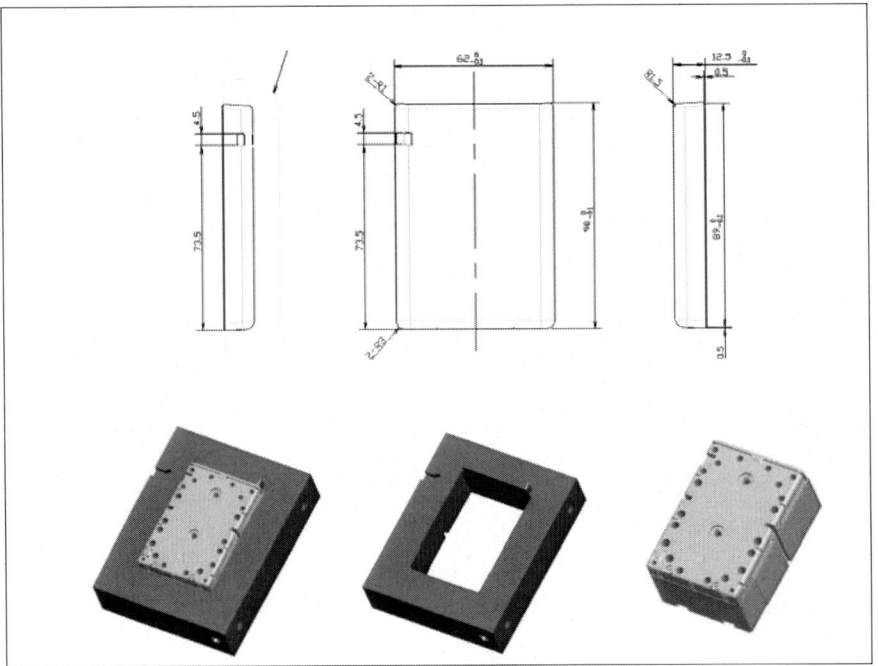

[그림2-1-13] 2D 제품 도면 및 금형부품 코어

　　① 간단한 금형설계 도면을 준비한다.
　　② 5명 정도의 인원으로 팀을 구성한다.

　(2) 금형도면을 파악한다.
　　① 각 도면에 가공공정을 파악한다. (밀링, 선반, 연마 등)
　　② 기계가공에 대해서 조사한다.

　(3) 도면에서 가공될 수 있는 공정을 토론한다.
　　① 도면에서 가공할 수 있는 기계가공법들을 작성한다.(밀링, 선반, 연마 등)
　　② 가공방법들에 대해서 발표한다.

단원명 2 가공방법 검토하기

장비 및 도구, 소요재료

구 분	명 칭	규격(사양)	1대당 활용인원
장 비	컴퓨터		1인
	프린터		10인
	2D, 3D CAD S/W		1인
공 구	계산기, 메모지, 펜		1인
	한글, Microsoft office 등 문서작성 S/W		1인
소요재료	금형도면		1인

안전유의사항

1. 안전유의사항
 - 도면검토의 정확성
 - 제작공정의 정확성

관련 자료

1. 관련 자료
 - 공정계획에 대한 지식
 - 금형, 가공, 검사 용어
 - 금형제작 시방서의 이해
 - 각종 도면 이해
 - 소재/부품의 특성에 대한 지식
 - 가공공정에 대한 지식
 - 표준시간 산출에 대한 지식
 - 공정별 적정 작업량에 대한 이해
 - 열처리 및 표면처리에 대한 지식
 - 공차 및 표면거칠기, 정밀도를 고려한 조립성에 대한 이해
 - 성능검사에 대한 기본 이해

사출금형 제작 공정설계

2-2 가공부하를 해소하기 위한 가공순서 결정하기

| 교육훈련 목표 | • 가공부하를 해소하기 위하여 가공순서를 유기적으로 변경할 수 있다. |

필요 지식

1. 공정설계 일반

(1) 가공 장비 선정

 일반적으로 사용할 NC 선반은 공작물 크기를 기준으로 선정하고, 이외에 형상이나 생산량 등을 추가로 고려한다. 예를 들면, 선삭과 밀링 가공을 동시에 할 필요가 있는 경우, 바 피더 (Bar Feeder)를 이용해 가공 후 절단하는 작업이 유리한 경우, 또는 심압대, 면판, 방진구 등을 사용해야 되는 작업 등이 있을 수 있다. 또한 가공 후 절단하도록 할 경우는 주축 내부의 유압 척 작동을 위한 드로우 바(Draw Bar) 내경 치수를 사전에 검토할 필요가 있다.

(2) 가공 방법 및 순서의 결정

① 소재 크기 결정

 NC 선반에서 가공하는 부품의 소재는 보통 환봉 절단 소재, 또는 단조 소재(기어 소재 등)가 많이 사용된다. 가공 여유는 가능한 한 작을수록 소재 비용도 절감되고, 경우에 따라 가공 시간도 단축할 수 있어 유리하지만, 너무 작으면 가공 후에도 소재면이 남을 수 있다. 환봉 절단 소재일 경우 환봉의 제작 방법이나 절단 방법 등에 따라 원통도나 직각도가 차이가 있을 수 있으므로 사전에 확인하고 소재 원단위를 결정한다. 크기나 상태에 따라 다르지만 일반적으로 직경 5mm 이내, 길이 방향 3mm 이내로 한다.

② 가공 방법 및 순서의 결정

 가공 방법 및 순서는 도면 검토 후 부품의 형상에 따라 결정을 하게 된다. 여기서는 가공 방법 및 순서를 결정할 때 일반적으로 참고해야 될 사항만 설명하기로 한다.

○ 척에 물리기 쉬운 부위를 먼저 가공

 NC 가공의 가장 일반적인 형태는 도면상 왼쪽과 오른쪽을 두 공정으로 나누어 순서대로 가공하는 경우라고 할 수 있다. 이때는 두 번째 공정에서 척에 물리기 쉬운 부위를 먼저 가공하도록 한다. 예를 들면 직경이 크고 평탄한 외경이 있는 부위를 먼저 가공하고, 두 번째 공정에서는 첫 공정에서 가공한 큰 직경부를 척킹할 수 있도록 한다. 척에 물리는 깊이(Chucking Depth)는 깊을수록 안정적이지만, 길이가 아주 길지 않고 외경이 평탄할

경우 3mm 정도만 물려도 어느 정도 안정적인 가공이 가능하다. 길이 방향 기준면은 일반적으로 공작물 단면으로 한다. 부품의 형상 문제로 외경이 작은 부위를 불가피하게 먼저 가공해야 되는 경우, 두 번째 공정에서는 가능하면 길이 방향 기준면을 공작물의 단면보다 중간의 단차 면으로 하는 것이 좋다. 즉, 소프트 죠(Soft Jaw)의 앞 단면이 공작물 설치 기준면이 되도록 한다.

○ 단조나 주물 소재 빼기 구배
 단조나 주물 소재의 경우 빼기 구배가 있어, 공작물 고정에 문제가 생길 수 있으므로, 원 소재 상태에서 척에 고정 시 직경이 가장 큰 부위가 죠(Jaw) 내부에 들어가도록 하는 것이 좋다.

○ 대량 생산이 아닐 경우, 가능하면 내경보다 외경을 척킹하도록 한다.
 내경을 척킹할 경우 소프트 죠 가공을 위해서는 거기에 맞는 링이 필요해 가공 준비 시간이 늘어난다. 보통 링은 충분히 준비해두지 않는 경우가 많으며, 미리 준비가 되어 있지 않을 경우 죠도 많은 양을 가공해야 된다.

○ 유압 척 척킹 압력에 의한 변형 문제가 예상되는 부품은 사전에 변형 방지 대책을 검토한다.
 유압 척은 보통 3개의 죠로 되어 있어 변형이 3각형 모양으로 발생하므로, 실린더 게이지나 마이크로미터 등의 일반 측정기로는 유압 척 척킹 압력에 의한 변형을 정확히 측정하기 어렵다. 변형량의 정확한 측정을 위해서는 진원도 측정기를 사용해야 된다.

○ 일반적인 유압 척 척킹 압력에 의한 변형 방지 대책으로는 아래의 방법들이 있다.
  - 콜릿 척(Collet Chuck) 사용
  : 가장 확실한 방법이지만, 비용이 추가되고 칩에 대한 대책이 필요하다.
  : 대량 생산일 경우 유리
  - 가공 후 절단
  : 척에 물리는 부위는 내경 가공을 하지 않고 부품 부위만 내경까지 가공하고 절단한다.
  : 소재를 필요 이상으로 길게 해야 되므로, 한 소재에서 여러 개의 부품을 가공하도록 하는 것이 유리하며, 주로 소량 생산일 경우 적합
  - 황삭과 중삭 시는 정상적인 척킹 압력을 유지하고, 정삭 시는 압력을 최소로 줄여 작업
  : 어느 정도 척에 물리는 부위에 강성이 있고, 변형이 크게 문제가 안 되는 경우 적용
  - 6본척 등 특수 유압 척 사용
  : 변형을 상당히 감소시킬 수 있으나, 비용이 추가됨

사출금형 제작 공정설계

○ 가능한 한 가늘고 긴 공구는 사용하지 않도록 한다.
보통 내경 보링 공구의 경우 길이가 직경의 4배 이상이 되면 가공 중 떨림이 발생할 우려가 있다. 초경 심봉을 넣는 등의 방법으로 강성을 보완한 내경 보링 공구도 있지만, 가늘고 긴 공구는 항상 문제가 발생할 수 있다. 불가피하게 사용해야 되는 경우 이송률보다는 절삭 깊이와 절삭 속도를 줄여 가공하고, 인선 반경이 작은 인서트를 사용한다. (예 : R0.4, R0.2 등) 공작물의 경우도 마찬가지라고 할 수 있으나, 공작물의 경우는 센터 작업이나 방진구 사용 등으로 어느 정도 해결이 가능하다.

○ 생산량이 많을 경우 황삭과 정삭 공구는 구분한다.
공구 마모로 인한 정삭 치수 변화를 줄이기 위해서는 황삭과 정삭 공구를 구분해 사용하는 것이 유리하다.

○ 가능하면 정밀 공차나 표면 조도가 요구되는 동일 직경 외경을 반반씩 가공하는 것은 피한다.
동일 직경 외경부를 반씩 나누어 가공할 경우, 단차가 생기지 않도록 하는 것은 아주 어렵다.

○ 가공 중 다른 공구와 척 또는 공작물과의 간섭 유의한다.
터릿(Turret)식 공구대 사용 시 길이가 긴 내경 공구 바로 옆에는 공구를 설치하지 않는 것이 좋다.

○ 나사부를 척에 물려야 될 경우
나사부를 척에 물리는 것은 피하는 게 좋지만 불가피하게 물려야 될 경우, 디스크를 소프트 죠 내부에 물리거나, 죠가 완전히 물려져 있는 상태에서 죠 내부에 나사 가공을 하고, 공작물의 나사부를 여기에 돌려 끼워 고정한다. 오른 나사일 경우 주분력이 나사를 채우는 방향으로 작용하므로, 가공중 공작물이 풀리거나 하지 않지만, 왼나사는 풀리는 방향으로 주분력이 작용하므로 적용할 수 없다.
이 방법으로도 어느 정도 신뢰할 수 있는 수준의 동심도를 얻을 수 있다.

○ 자세 공차, 위치 공차 등으로 규제된 관련 형체는 가능하면 동시 가공
예를 들어 동심도가 규제된 내경과 외경, 직각도가 규제된 외경 또는 내경과 단면 등은 가능하면 동시 가공하도록 한다.

○ 측정을 고려한 공정 설계
공정 설계 시에는 측정 방법에 대해서도 사전에 검토할 필요가 있다. 특히, 기계에서 풀어내고 난 다음에는 재작업이 어려운 나사 가공 등은 게이지나 상대 부품 등을 미리 확

인해 볼 필요가 있다. 그리고, NC 공정도를 작성할 경우에는 측정이 쉽도록 중간 공차로 계산한 값을 기록해 준다. 현장에서 작업자가 측정을 위해 계산을 하도록 할 경우, 실수할 우려가 있다.

3. 형상별 가공 방법

일반적인 가공 방법에 대해서는 위의 가공 방법 및 순서의 결정에서 어느 정도 설명이 되었으므로 생략하고 여기서는 위에서 설명되지 않은 내용들에 대해서만 설명하기로 한다.

(1) 바이트를 이용한 나사 가공

나사 가공 시는 주축이 특정 위치에 왔을 때 공구가 움직이기 시작한다. 보통 공구대의 가속과 감속 문제로 시작부와 끝 부위에 불완전 나사부가 생기게 된다. 불완전 나사부로 인한 나사 이상 방지를 위해서는, 나사 시작점에서 한 리드(Lead) 정도 떨어진 위치에서 나사 가공을 시작하도록 해야 된다. 또한, 끝 부위까지 나사가 완전히 조립이 되는 경우, 끝 부위에 릴리프를 해주는 것이 좋다. 불완전 나사부의 길이는 보통 파라메터(Parameter)로 NC 장치에 설정할 수 있도록 되어 있다.

이 값을 너무 작게 하면 기계에 무리가 생길 수 있으므로 초기 설정치를 가급적 그대로 사용하는 것이 좋지만, 불가피하게 줄여야 될 경우, 주축 회전수를 아주 느리게 하고, 작업이 끝나면 다시 파라메터를 원래 상태로 수정해야 된다.

○ 사례를 들면
  - 황동으로 된 부시(Bush)의 내경에 단면 형상이 반원인 윤활 홈 가공
  ① 초기 설계에는 부시 안쪽에 시작점과 끝점이 일치하는 한 쌍의 오른 나사와 왼 나사 만으로 내경 윤활 홈이 설계되어 있었으나 그 상태로는 가공이 어려워 윤활 홈 시작과 끝 부위에 홈(Groove)을 추가하는 것으로 설계 변경.
  ② 시작과 끝 부위에 홈을 가공한 후, 불완전 나사부 설정 파라메터를 "영"으로 하고 주축 회전수를 20 rpm으로 한 상태에서 윤활 홈 가공
  ③ 해당 로트 부품 가공이 끝난 후, 불완전 나사부 설정 파라메터를 원래대로 변경
  - 초기 파라메터를 그대로 두고 가공하면 이상한 형태로 가공이 됨.

○ 왼나사
  왼나사는 안쪽에서 바깥쪽으로 빠져 나오는 형태로 가공한다.
  이 경우, 반드시 나사 시작부에 홈 가공이 되어 있어야 한다. 절삭 깊이, 불완전 나사부 처리 등은 오른 나사 가공 시와 유사하게 하면 된다.

○ 여러 줄 나사
  보통 여러 줄 나사는 나사 가공 시작점 위치를 변경하는 방법으로 가공한다.

즉, 첫줄 나사 가공 후 나사의 피치(Pitch)만큼 떨어진 위치에서 두 번째 줄 나사 가공을 하는 식으로 가공한다. 일부 NC 장치의 경우는 시작점 위치는 동일하게 하고, 주축이 특정 위치에서 일정 각도만큼 회전했을 때 공구가 움직이기 시작하도록 하는 방법을 사용한다.
예) 2줄 나사일 경우 180°, 3줄 나사일 경우 120° 등

○ 사다리꼴나사 등 리드가 큰 나사
절삭 면적이 커 절삭 저항을 많이 받게 되므로, 절삭성 개선을 위해, 절삭 방향에 대해 직각이 되도록 공구 상면을 경사지게 만드는 것이 좋다.
또한, 절삭 방향 여유면 이 공작물과 간섭이 생길 수 있으므로, 공구 진행 방향의 공구 여유각을 사전에 계산하고 공구 여유면 을 충분히 연마해 사용할 필요가 있다.

(2) 브이 풀리 (V-PULLEY) 홈 등 넓고 깊은 홈 가공
홈의 표면 조도와 정도를 좋게 하기 위해서는, 공작물 재질에 따라 가공 방법을 약간 다르게 할 필요가 있다.

○ 주물일 경우
주로 총형 공구를 사용한다. 절삭 저항 문제로 이송률을 빠르게 할 수 없지만, 구성 인선(BUE : Built-up Edge)이 생기지 않으므로 깨끗한 면을 얻을 수 있다. 가공 부품 수가 많을 경우, 공구 마모로 인한 품질 저하를 막기 위해서는 황삭 공구와 정삭 공구를 구분할 필요가 있다. 정삭 시는 끝점에 도달한 상태에서 잠시 동안 공구 이송을 정지시킨 상태로 유지해야 된다. (공작물이 약 세 바퀴 이상 회전하는 동안 이송 정지 : Dwell).

○ 강일 경우
총형 바이트는 구성인선 과 절삭 저항 문제로 사용이 어렵다.
보통 일반 홈 가공용 공구를 사용하여 가공한다. 공구 오프셋 기능을 적절히 사용하면 홈 가공 공구 폭이 다르더라도 동일한 NC 프로그램 사용이 가능하다

○ 알루미늄일 경우
보통 가공 소요 시간 면에서 총형 공구가 유리하므로, 황삭은 총형 공구, 정삭은 일반 홈 가공 공구를 사용한다. 비 절삭 저항이 크지 않으므로, 정삭시도 총형 공구를 사용해도 되지만 구성 인선이 생길 수 있어, 표면 조도면에서 일반 홈 가공 공구가 유리하다.

(3) 두께가 얇은 공작물
공작물의 두께가 얇은 부위는 가능하면 척에 물리지 않도록 공정을 설계하는 것이 좋다. 부품의 형상 문제로 불가피할 경우, 위에서 설명한 대로 대량 생산일 경우는 콜릿 척을 사용하

고, 소량 생산일 경우 가공 후 절단하는 방법을 선택하는 것이 좋다. 단, 가공 후 절단하는 방법을 선택할 경우, 한 소재에서 여러 개의 부품을 만들도록 해야 소재 낭비를 약간이라도 줄일 수 있다. 이때 한 공정으로 가공을 완료하는 것이 유리하며, 그러기 위해서는 내경부 안쪽 면에 45°로는 어렵지만 약 20° 정도까지 면취(Chamfer)를 해주고, 절단면도 표면 조도 개선을 위해 황삭 후에 정삭을 하도록 한다.

(4) 긴 공작물

일반적으로 공작물의 고정이 확실하면, 직경의 약 3배 정도까지는 바로 가공이 가능하다. 그 이상으로 길거나, 공작물 고정이 약할 경우, 가공 중 공작물의 떨림 방지를 위해 심압대나 방진구를 이용한다. 단, 소재가 너무 길 경우에는, 가늘고 긴 공구 사용 시와 마찬가지로, 인선 반경이 작은 공구를 사용해 절삭 저항을 줄이고, 절삭 깊이도 줄여 주어야 된다. 보통, NC 선반 주축은 중공축을 사용하므로 공작물의 일정 부분을 주축 내부로 집어넣고 가공하는 방법도 검토해 볼 필요가 있다. 특히, 심압대를 이용한 아주 가늘고 긴 공작물의 센터 작업 시는 절삭시의 배분력에 의한 변형으로 가운데 부분이 약간 두꺼워진다. 공구 인선 반경이나 절삭 조건 변경만으로 이런 현상을 완전히 없애기는 어려우므로, 보통은 공구 오프셋 기능을 이용해 약간 경사지게 가공하도록 NC 프로그램을 작성하는 것이 유리하다. 공작물의 직경이 작은 부위를 물리거나, 물리는 깊이(Chucking Depth)가 작아 공작물 고정이 약할 경우에는, 끝 부위 단면 방향 가공 시 떨림이 발생할 가능성이 많다. 이때는 가공 시간이 약간 길어지더라도, 황삭이 길이 방향(주축 방향)으로 가공하도록 가공 방향을 바꾸어 주면, 안정적으로 가공이 가능해지는 경우가 있다.

(5) 단면 홈 가공

단면 홈 가공 시는 일반적으로 공구의 바깥쪽 여유면 과 공작물 사이에 간섭이 생긴다. 이를 방지하기 위해서는 단면 홈 가공 전용으로 만든 곡선형의 특수한 형상 공구를 사용하는 것이 유리하다.

(6) 탭 가공

일반적으로 NC 선반에서 탭 가공을 안정적으로 하기는 어렵다.
탭 가공을 해야 될 경우 부동 홀더(Floating Holder)를 사용하고, 가공 중에 가공 상태를 감시할 필요가 있다.

(7) 아주 작은 내경 가공

일반 선반용 내경 보링 공구로는 보통 지름 10mm 정도의 내경까지 가공이 가능하다. 그보다 작은 내경의 경우에는 내경 보링 공구 대신 엔드밀을 사용하면 보다 안정적인 내경 가공이 가능하다. 이때 엔드밀의 날 위치는 주축 회전 중심선과 일치시켜 설치해야 된다.

사출금형 제작 공정설계

(8) 기타
○ 생산성을 올려야 될 경우
    NC 선반 가공에서 생산성을 올리기 위한 수단은 크게 아래와 같이 구분해 볼 수 있다.
① 절삭 조건을 올려 가공 시간(Cycle Time)을 줄임
    절삭 속도를 올리기 위해서는 그 속도에 견딜 수 있는 공구 재료를 사용해야 된다. 다만, 일반적으로 고온 경도가 높은 재료일수록 가격이 비싸고, 취성도 커지므로 사전에 타당성 검토를 충분히 할 필요가 있다. 보통 비철 금속의 초고속 가공에는 다이아몬드, 철계 재료의 초고속 가공에는 CBN이 사용된다. 세라믹이나 서멧으로도 어느 정도 고속 가공이 가능하다. 이송률을 요구되는 표면 조도와 주축 회전수에 따라 결정된다. 동일 표면 조도를 유지하며 회전 당 이송률을 높이기 위해서는 인선 반경이 큰 공구를 사용하는 것이 유리하다. 이 경우, 공구 수명이 길어지는 장점도 있지만, 반면에 절삭 저항이 커지게 되므로 떨림이 발생할 우려가 있을 때는 사용이 어렵다. 절삭 깊이는 보통 인서트 폭의 1/3~1/4 정도까지는 안정적인 가공이 가능하다. 이외에 접근 여유를 최소화하고, 시작점 위치를 공작물에 가능한 가깝게 해 Air-cut을 최소화 한다.

② 소재 장탈착 시간 단축
    보통 손이나 Auto Loader/Unloader로 소재 장탈착을 할 경우, 소재 장탈착 시간을 단축하는데 한계가 있다. 주축이 2개 있는 장비를 사용하면, 한 주축이 가공을 진행하는 동안에 다른 주축에서 소재 장탈착을 할 수 있어 소재 장탈착 시간을 단축할 수 있다.

③ 기타
- 가능하다면 가공이 용이한 형상으로 설계 변경
예) 막힌 내경 가공 시 드릴 자국을 허용하도록 변경 등
- 원 소재 규격을 변경 (예 : 자유 단조 -> 형단조)
- 가공 공정 개선

단원명 2 가공방법 검토하기

실기 내용

1. 가공부하를 해소하기 위한 가공순서 결정

　(1) 선반 가공용 도면을 준비한다.
　　① 간단한 선반가공용 도면을 준비한다.
　　② 5명 정도의 인원으로 팀을 구성한다.

　(2) 도면을 파악한다.
　　① 각 도면에 가공공정을 파악한다.
　　② 기계가공에 대해서 조사한다.
　　③ 기계가공 결정 후 가공순서에 대해서 토의를 한다.

　(3) 기계가공순서를 결정한다.
　　① 적절한 기계가공 순서를 결정한다.

　(4) 기계가공순서를 결정한 다음, 서로 발표하도록 한다.
　　① 적절한 기계가공 순서를 결정한다.
　　② 각 그룹별로 기계가공 순서에 대해서 발표한다.

장비 및 도구, 소요재료

구 분	명 칭	규격(사양)	1대당 활용인원
장 비	컴퓨터		1인
	프린터		10인
	2D, 3D CAD S/W		1인
공 구	계산기, 메모지, 펜		1인
	한글, Microsoft office 등 문서작성 S/W		1인
소요재료	금형도면		1인

사출금형 제작 공정설계

안전유의사항

1. 안전유의사항
   - 도면검토의 정확성
   - 제작공정의 정확성

관련 자료

1. 관련 자료
   - 공정계획에 대한 지식
   - 금형, 가공, 검사 용어
   - 금형제작 시방서의 이해
   - 각종 도면 이해
   - 소재/부품의 특성에 대한 지식
   - 가공공정에 대한 지식
   - 표준시간 산출에 대한 지식
   - 공정별 적정 작업량에 대한 이해
   - 열처리 및 표면처리에 대한 지식
   - 공차 및 표면거칠기, 정밀도를 고려한 조립성에 대한 이해
   - 성능검사에 대한 기본 이해

단원명 2 가공방법 검토하기

단원명 2 │ 교수방법 및 학습활동

교수 방법

- 가공방법에 대해 파워포인트(PPT) 등의 도구를 사용해 설명한다.
- 금형도면을 준비하여 도면에서 가공되는 방법에 대해서 설명한다.
- 기계 가공방법에 대해서 설명한다.
- 그림이나 동영상등의 보고재를 활용하여 설명한다.

학습 활동

- 기계가공법에 대해서 서로 토의할 수 있도록 한다.
- 기계가공법에 대해서 발표할 수 있도록 한다.
- 금형도면에 대해서 가공방법을 분석하도록 한다.
- 기계가공법에 대해서 숙지할 수 있도록 한다.

사출금형 제작 공정설계

단원명 2 | 평가

평가 시점

- 기계 가공법에 대해서 교육중 각 그룹별로 발표하여 평가한다.
- 기계가공법에 대해서 중간고사나 기말고사는 객관식 문제, 단답형 및 주관식으로 평가한다.

평가 준거

평가영역	평가항목	성취수준				
		잘모른다	미흡하다	보통이다	알고있다	잘알고있다
가공방법 결정하기	도면에 적절한 가공방법과 적정공구를 결정할 수 있는가?					
	가공부하를 해소하기 위하여 가공순서를 변경할 수 있는가?					

평가 방법

평가영역	평가항목	평가방법
가공방법 결정하기	도면에 적절한 가공방법과 적정공구를 결정할 수 있는가?	문제해결 시나리오, 구두발표
	가공부하를 해소하기 위하여 가공순서를 변경할 수 있는가?	

단원명 2 가공방법 검토하기

피드백

1. 문제해결 시나리오
- 문제 해결 진행 과정중 필요시마다 피드백을 제공하여 문제 해결을 용이하게 한다.

2. 사례연구
- 금형도면을 준비하여 학습자들끼리 도면을 검토하고, 기계 가공법에 대해서 조사한다.
- 금형도면을 준비하여 학습자들끼리 도면을 검토하고, 기계 가공순서를 파악한다.
- 조사한 내용을 서로 공유할 수 있도록 문서를 작성하여 제시한다.
- 조사, 발표한 내용을 평가한 후에 수정 사항과 주요 사항을 표시하여 다음 수업 시작 시간에 확인 설명한다.

3. 구두발표
- 발표 과정마다 기계가공 순서에 대한 오류 사항과 주요 사항을 점검, 조정한다.

평가 문제

1. 주행하는 와이어 전극과 공작물 사이에서 방전을 일으켜 발생하는 스파크를 이용하여 가공물을 잘라내는 가공 방법을 무엇이라 하나?

2. NC 선반에서 가공하는 부품의 소재는 보통 환봉 절단 소재, 또는 단조 소재가 많이 사용된다. 가공 여유는 가능한 한 작을수록 소재 비용도 절감되고, 경우에 따라 가공 시간도 단축할 수 있어 유리하지만, 너무 작으면 가공 후에도 소재면이 남을 수 있다. 일반적으로 환봉의 크기는 얼마로 결정하는 것이 좋은가?

사출금형 제작 공정설계

단원명 3   대체공정 수립하기(15230202_14v2.3)

3-1   부품을 가공하기 위한 대체 공정을 예측하기

교육훈련 목표	• 도면에 의거한 부품을 가공하기 위하여 대체 공정을 예측할 수 있다.

필요 지식

1. 가공 방법 변경

(1) 가공 방법의 변경 요인

  (가) 사내 설비의 가공 여유가 없을 때

 사내의 보유 가공설비에 있어서 추가가공 공정으로 들어가지 못하고 대기시간이 너무 많이 발생 하여 납기 등에 지장을 줄 경우에 해당 하는 것으로 설계자가 항상 현장 작업자와 긴밀한 협의를 가져야 한다.

  (나) 사내 보유 설비가 없고 사내 기계 가동율이 낮을 경우

 부품 도면에 있어서 사내에 없는 설비로 가공을 할 수 있도록 되어 있을 경우를 말하며 이 때에는 부품도를 변경하여 사내기계로 사용할 수 있도록 설계 변경 및 공정을 변경 하여야 한다.

  (다) 부분적인 가공형상이 외부처리가 필요할 경우

 부품 도면의 일부 중 사내 보유 가공기로 가공이 곤란한 부분은 그 부분만 분할 입자 처리가 가능할 경우에 해당 하는 것으로 설계자와 작업 관리자가 협의하여 공정을 바꿀 수 있다

  (라) 가공 부분이 가공이 난이도가 높아서 사내 가공으로 불가능 할 경우

 사내 보유 설비는 있으나 가공 정밀도가 낮아 고객이 요구하는 수준의 가공 이 나오지 않을 경우에 현장 관리자는 도면을 파악하여 도면 설계자와 협의 하여 도면과 공정을 바꿀 수가 있다.

  (마) 열처리, 부식, 용접 등 특수부분의 가공이 있을 경우

 열처리 혹은 부식, 도금용 등 특수 가공이 필요한 경우에는 현장 작업자와 협의 하여 공정을 변경할 수 있다.

○ 예를 들면 다음의 부품에서 사내에 와이어 컷 혹은 레이저 가공기가 없어 방전 가공 혹은 밀링가공 방법으로 변경한 예를 나타내었다.

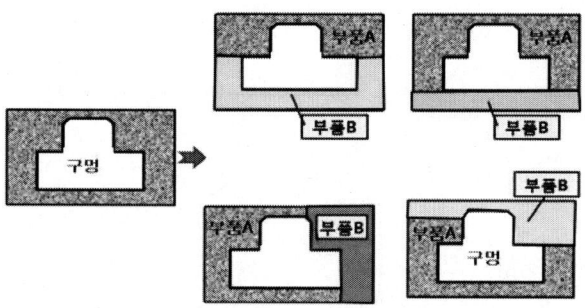

[그림3-1-1] 가공방법

위의 그림에서 좌측에 있는 일체형의 부품을 가공하기 위해서는 와이어 컷 혹은 레이저 가공 기로 가공을 하여야한다. 그러나 우측의 그림으로 부품 도면을 변경하면 부품 A와 부품 B로서 분리되고 분리된 부품은 일반적인 범용밀링에서 가공이 가능하다. 이때 사내의 기계 가동률과 혹은 사내의 여유(Capper)를 밀링의 작업자와 협의하여 대체 방안을 강구할 수가 있다.

사출금형 제작 공정설계

3-2 수작업을 최소화 할 수 있는 대체공정 수립하기

| 교육훈련 목표 | • 수작업을 최소화할 수 있는 공정으로 대체할 수 있다. |

필요 지식

1. 금형도면 분석

금형도면의 분석하기에 들어서면서 먼저 산업현장에서 실제 금형을 제작하기 위한 제품도다. 2D CAD(Computer Aid Design)로만 제품의 형상을 이해한다고 하면 사실 아무리 간단한 제품이라도 2차원 도면으로는 형상을 완벽히 표현하기가 힘든 것이 사실이다. 현장에서 많이 부딪히는 것 중하나가 2D CAD(Computer Aid Design)에서 단면도를 생성할 경우 설계자는 단면도를 생성할 때마다 형상을 처음부터 투상을 해야 하고 그에 따라 많은 시간과 설계 오류가 발생한다는 부분이다.

3D 형상을 보시면 도면에 표시된 제품의 형상을 손쉽게 파악할 수 있다. 이처럼 요즘에는 작업자가 2D 도면의 이해를 한층 빠르게 하기 위하여 3차원 솔리드 형상을 도면에 삽입하여 2D 도면의 이해를 더욱 빨리 할 수 있도록 배려하고 있다.

작업자는 위와 같은 도면을 바탕으로 CNC(Computer Numerical Control) 기계가공 영역을 선정하고 2D 도면의 제품도를 바탕으로 CAM(Computer Aid Manufacturing) 작업용 3D 모델링을 하게 된다. 이때 도면에 명시된 치수관계 및 위치도와 형상 공차를 잘 검토하고 적용하여야만 정확한 제품 형상에 맞는 금형의 코어 및 캐비티를 제작할 수 있게 될 것이다.

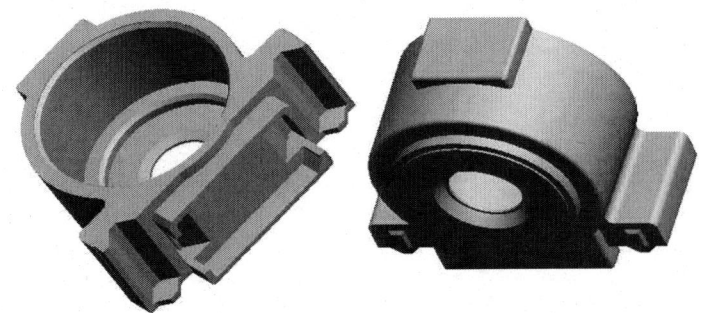

[그림3-2-1] 3D 제품 모델링 형상

2. NC 가공으로 대체

(1) 기계사용 부하에 의한 NC가공영역

수작업을 줄이고, 기계가공을 대체할 수 있는 방안은 캐비티나 코어를 분할하여 기계가공에 의한 방법을 선택하는 것이 좋다.

[그림3-2-2]는 제품도를 보고 생성한 캐비티 2D 도면이다. 작업자는 금형도면의 요구조건을 기준으로 가공공정을 세울 때 캐비티 가공을 분할형 구조로 하는가 일체형 구조로 하는가를 확인하고 공작기계를 선정한다. 가능한 절삭가공 범위를 선정하고 가공 후 부품별 조립성과 습합 부분의 맞춤이 쉽도록 되어 있는지를 확인한다. 또한 표면거칠기의 정도 및 강도를 고려한 절삭공구를 선정하고 표준공구 이외의 공구를 사용해야 할 경우의 공구선택 사항도 미리 설정해 놓아야 할 것이다. 위의 캐비티 도면에서 나타낸 것처럼 별도의 중요 표시부를 꼼꼼하게 체크하여 설계자 및 도면에서 요구하는 사항을 잘 파악하여 그에 맞는 가공 계획을 세워야 한다.

[그림3-2-3]은 앞부분의 제품도를 바탕으로 생성된 2D 금형 조립도다. 금형을 설계할 때 설계자는 설계한 금형구조에 대하여 반드시 사용자의 승인을 얻고 금형설계 완료 예정일을 정하고 설계순서에 따라 부품별 가공계획을 수립한다. 또한 주요 부품도와 일반 부품도를 작성하되 일반적으로 주요 부품은 사용자의 승인에 따라 금형 사양서에 의거하여 설계하고 일반 부품은 표준 부품을 많이 사용하도록 해야 한다. 반드시 금형 제작 시 지켜야 할 사항을 명확히 하고 설계를 반복 검토하여야 한다.

조립도 작성시에는 금형의 구조와 관련되어 메커니즘, 성형기와의 관계, 금형강도, 냉각 및 가열시스템, 밀어내기, 스프루·러너·게이트 등이 고려되어 있으므로 작업자는 조립도를 종합적으로 검토하고 가공공정 및 가공계획을 수립 한다.

금형의 가공 품질을 결정하는 중요 요소가 바로 부분별 가공기계의 선택이다. 가공 기계의 결정은 작업자의 능력도 중요하지만 금형의 정밀도와 사출된 제품의 형상 완성 및 품질에 결정적인 작용을 하게 된다.

선반은 외경 절삭, 내경 절삭, 황삭, 나사가공, Groove가공, Drilling등을 가공하며 밀링은 윤곽가공, 포켓팅, Drilling, 곡면가공, 영역가공, 황삭가공과 컴퓨터를 이용한 5면가공, 5축 가공 등을 하게 된다. 와이어 방전과 방전가공은 선반 밀링 등에서 공구를 이용한 절삭 가공이 힘들고 열처리된 금형재의 2축 윤곽 가공, Taper 가공, 4축 Taper가공에 많이 사용되고 있다.

가공 공정 계획을 세울 때 기계 가공별 영역을 결정하여 가공 기계의 성능에 따른 가공조건을 먼저 생각해야 한다. 가공조건이란 일반적으로 소재를 절삭가공 할 때 회전수나 이송 등의 값을 기계에 적용하여 최적의 절삭능률을 올리기 위해 부여하는 조건을 말한다.

절삭속도란 공구날의 가속 속도로 회전을 결정하는 요인으로 정삭일 때 공구가 갖는 최대절삭속도가 공구의 최대 회전이다. 1날당 이송속도는 Feed을 결정하는 요인으로 이송속도가 적을수록 일반적으로 표면 조도가 매끄럽다. 공구의 강성은 정삭일 경우 절삭량이 적기 때문에 회전과 이송에 영향을 미치지 않지만 황삭처럼 절삭량이 많을 경우는 매우 중요한 요인이 된다. CNC기계에서는 높은 이송속도에서 CNC기계의 정도가 나오지 않는다면 사용하는 CNC기계가 최고 회전수, 이송속도를 결정하므로 최적의 가공성을 얻을 수 없게 된다. 마지막으로 가공물의 재질에 따라 적정한 품질이 나오는 가공조건을 가지고 있다.

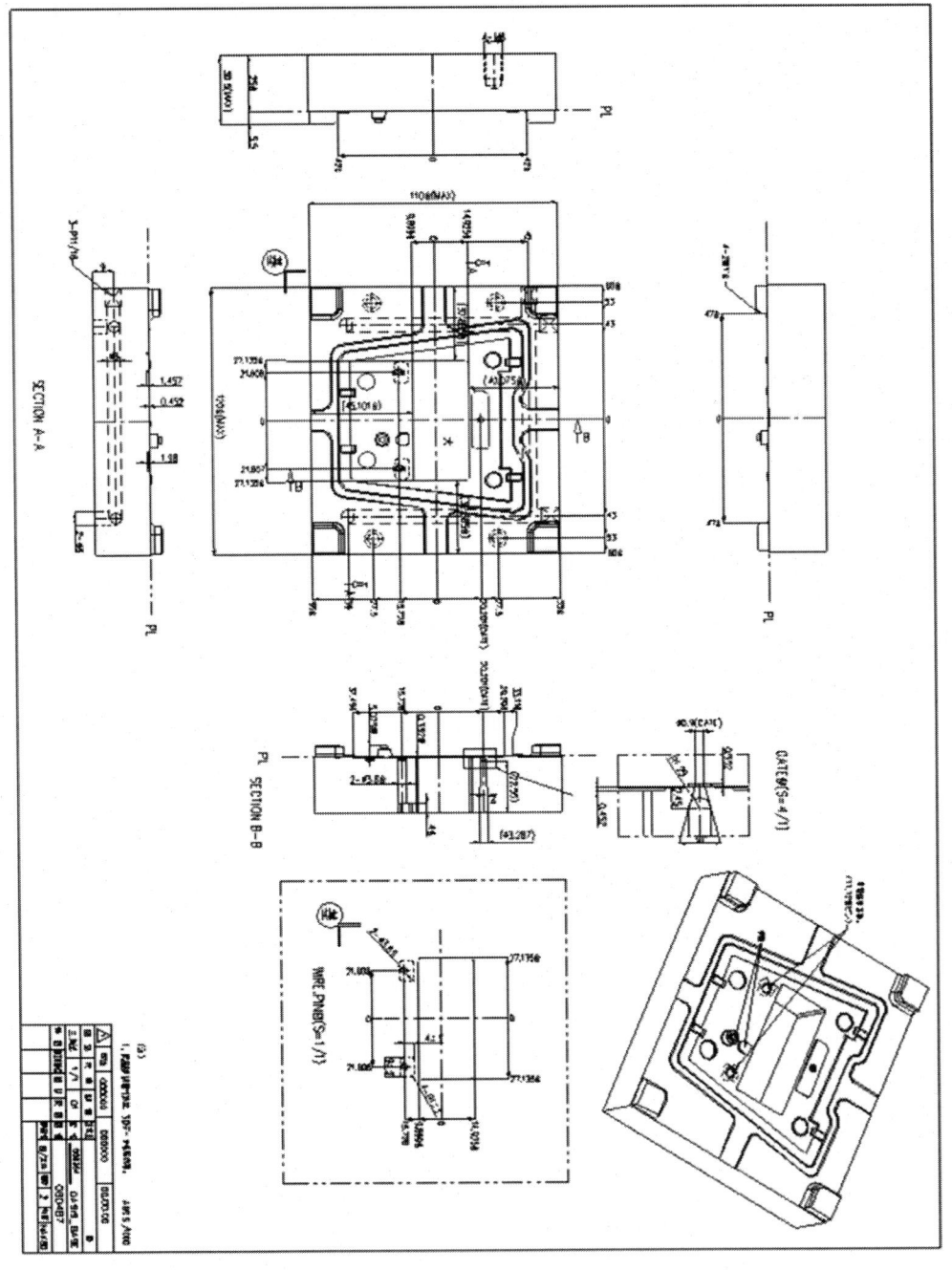

[그림3-2-2] 3D 제품 모델링 형상

단원명 3 대체공정 수립하기

금형은 일반적으로 고경도의 소재를 가공해야 하므로 그에 따른 공구의 선택과 더불어 회전수와 이송조건의 선택이 매우 중요하며 이의 조건은 공구의 제조 회사별로 제공되는 절삭데이터를 우선적으로 참고하시기를 권장한다.

가공계획 작성시 CAM 작업의 고려해야 할 사항은 CAM 작업을 통해 생성된 NC 데이터를 활용한 가공 기계의 선정과 재료의 선정이 끝나면, 후 가공 처리를 고려한 허용공차를 고려하여 황삭 및 정삭의 가공계획을 세워야 한다. 다음으로 자유곡면의 절삭방법을 고려하여 가공경로 계획(Tool Path Planning)을 설정하고 가공 경로에 따른 영역가공을 결정한다. 또한 직선보간 길이(Step Length) 계산 및 경로간 간격(Path Interval) 계산을 통하여 형상과의 가공오차 발생을 최소화 하고 가공면의 거칠기를 고려해 주어야 한다. 마지막으로 제품의 오목한 부위가 공구경의 과대로 인한 과삭이 발생하지 않도록 공구간섭(Over Cut) 방지를 고려해야만 올바른 가공계획을 세웠다고 할 수 있을 것이다.

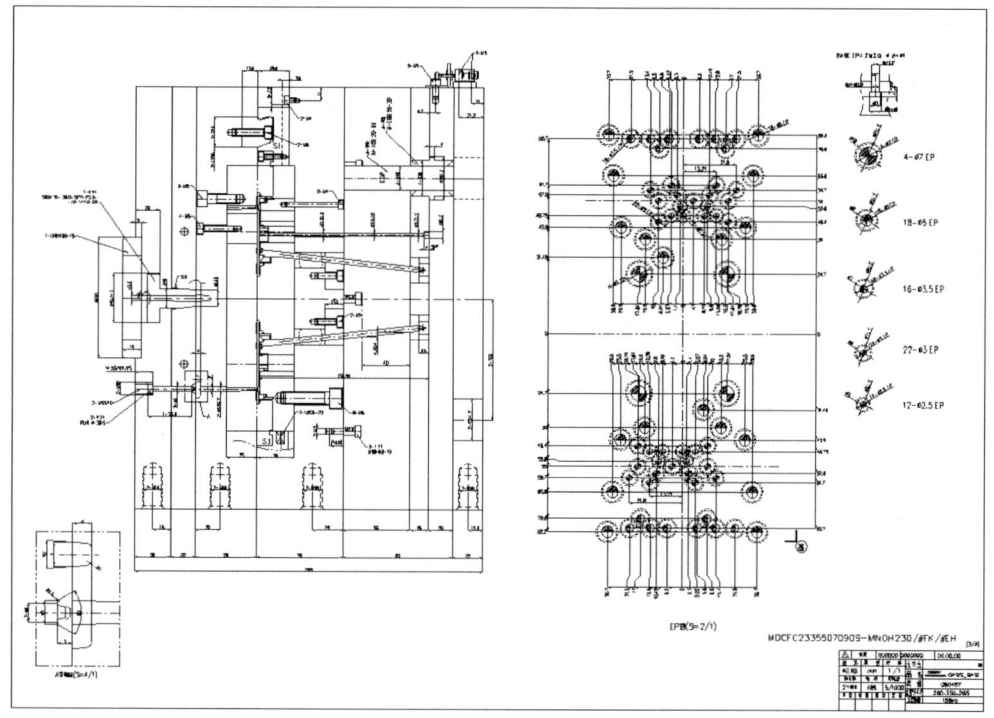

[그림3-2-3] 금형 조립도

(2) 절삭공구 준비에 의한 NC가공영역

작업자는 3D 모델링을 통하여 작업내용별 공구의 선택에 따른 절삭조건을 기준으로 하여 NC 데이터 생성을 위한 CAM 작업을 수행한다. 가공 계획을 세울때는 그림에서 보는 것과 같은 가공소재의 형태를 절삭가공하기에 가장 알맞는 가공방법을 결정하고 그에 따른 절삭공구의

사출금형 제작 공정설계

종류와 규격을 결정해야 한다. 또한 금형재의 종류에 따른 최적의 절삭조건을 부여하기 위하여 공구의 회전수 및 공구의 이송, 1회 절입량과 경로간격 등을 산출하고 사용기계의 공작물 좌표계 및 안전거리와 도피량등을 결정해야 한다.

밀링 또는 머시닝센터에서는 평면가공, 구멍가공, 총형가공, 홈가공 등 다양한 종류의 절삭가공이 가능하며 이에 따라 적절한 공구의 선택과 사용이 매우 중요하다. 일반적으로 밀링 또는 머시닝센터에 많이 사용하는 공구에는 평면커터, 측면커터, 정면커터, 엔드밀, 총형커터, T홈 커터와 더브테일 커터등이 있다.

절삭공구를 선택할 때는 먼저 공작물의 재질과 형상, 가공여유를 확인하고, 도면을 보고 공작물의 가공부위를 결정한다.

가공조건 및 난이도에 따라 1차 공정, 2차 공정 등을 다음의 조건으로 공정을 구분한다.

첫째 찍힘, 변형 등 방지하여 완성 가공 후 정밀도를 생각한다.

둘째 각 공정의 가공부위 결정하고

셋째 각 공정별 Clamping 부위 및 클램핑의 폭과 두께를 결정하고 지그(Jig)를 결정한다.

넷째 가공 공정이 결정되면 구분된 공정에 따라 적합한 기계 종류를 결정한다.

다섯째 각 공정의 공구를 선정한다. 결정된 공정에 따라 절삭공구를 결정하고, 결정된 기계 종류와 절삭공구에 맞추어 Tool Holder를 결정한다.

마지막으로 회사별 업무영역의 역할에 따라 실 절삭가공 시간과 비절삭시간 가공시간(Cycle Time)을 산출하여 원가를 계산해야 하는 경우가 있다. 이때에는 급속 위치결정과 공작물의 장착과 탈착 및 공구 회전시간을 포함하여 원가를 계산한다.

근래에 사용되고 있는 엔드밀 공구의 재료로는 일반구조용강부터 비철금속, 주철의 절삭까지 광범위한 용도로 고속도강(HSS)이 많이 쓰이고 있으며, HSS(High Speed Steel)중에서도 마모성을 향상시키기 위하여 COBALT를 8% 함유한 HSS(SKH59 상당)엔드밀이 많이 생산되고 있다. 최근에는 보다 고능률 가공과 오랜 수명의 절삭가공을 하기 위하여 코팅엔드밀, 분말HSS 엔드밀, 초경엔드밀을 사용하고 있으며 고속가공용 공구재로서 다이아몬드 코팅공구가 개발 생산되고 있다.

엔드밀 날수는 엔드밀의 성능을 좌우하는 중요한 요인이며 2날은 칩포켓이 커서 칩배출은 양호하나, 공구의 단면적이 좁아 강성이 저하되므로 주로 홈 절삭에 사용한다. 4날은 칩포켓이 작아 칩배출 능력은 적으나, 공구의 단면적이 넓어 강성이 보강되므로 주로 측면 절삭에 사용한다. 엔드밀을 선정할 때 엔드밀 재료와 규격외에도 날부의 종류, 엔드밀 날수에 이르기까지 세심한 선택을 하여야 할 것이다.

단원명 3 대체공정 수립하기

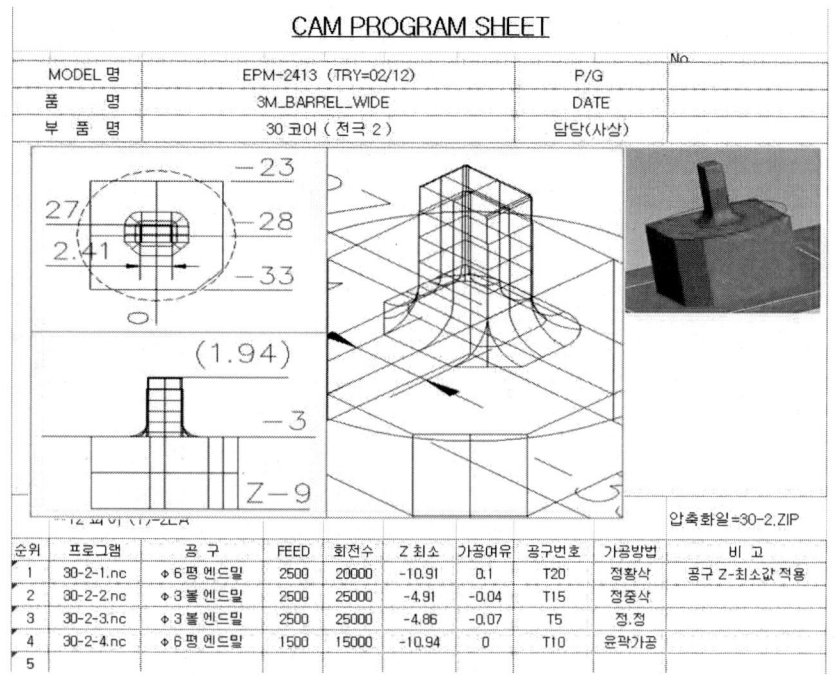

[그림3-2-4] NC가공용 도면

[그림3-2-4]는 금형을 제작하기 위해 필요한 방전가공용 전극을 머시닝 센터를 이용해 가공하기 위한 캠 프로그램 시트다. 작업자는 가공을 하기에 앞서 도면을 검토하고 NC가공이 필요한 영역을 체크하고 기계적인 절삭 가공이 불가능한 영역은 어떠한 가공 방법으로 금형을 제작할 것인가를 고민하고 후 가공 계획을 세워야 한다. 만약 방전가공으로 후 가공 영역이 결정되면 방전가공부위의 형상에 맞는 방전 가공용 전극 도면을 작성하여, 후 가공에 임하게 된다.

그림에서 프로그램 30-2-1은 NC 데이터를 생성하기 위한 프로그램 번호로서 ϕ6mm 평엔드밀을 이용하여 1분당 20,000회전과 2500mm의 이송 값을 가지고 방전전극의 외형을 거칠게 가공하겠다는 가공계획을 나타낸 것이며, 이처럼 가공계획에는 가공방법, 공구의 선정과 절삭조건 및 가공여유 등을 미리 계획하고 수립해 놓는 것이 올바른 제품을 생산하는데 많은 도움이 될 것이다.

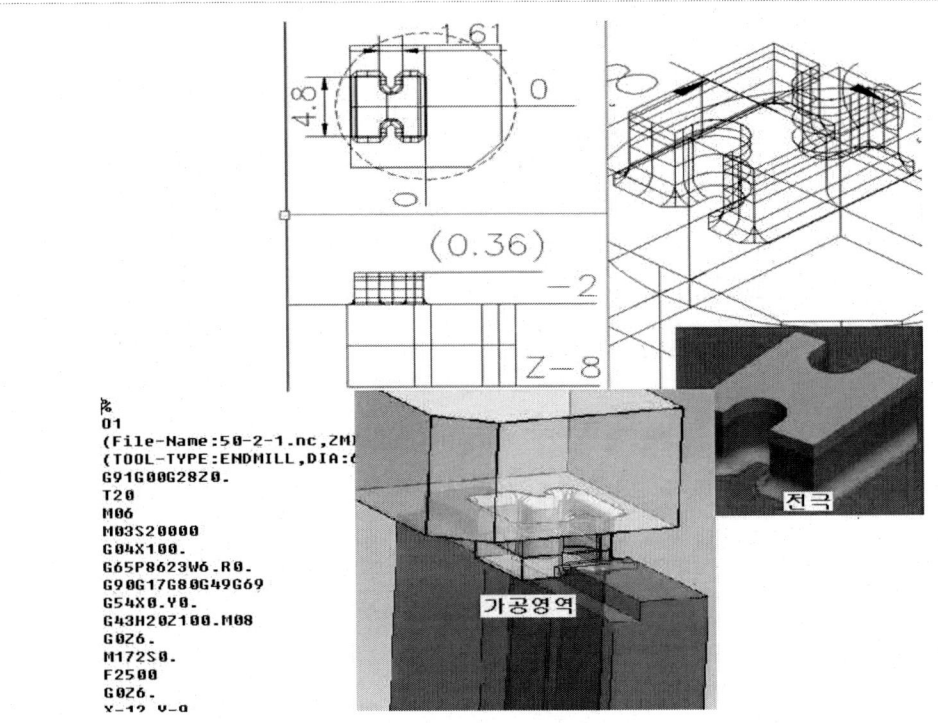

[그림3-2-5] NC가공용 데이터

　[그림3-2-5]는 실제 금형제작에서 슬라이드 코어를 제작하기 위한 방전가공용 전극과 cam 작업으로 얻어진 NC데이터를 나타낸 그림이다.
　금형을 제작하기 위해서는 위와 같이 도면을 바탕으로 각 부분의 치수 관계 및 위치관계, 공차 및 형상을 파악하고 가공을 해야만 도면의 요구조건에 일치하는 가공 생산품을 만들어 낼 수 있다. 이때 작업자는 영역별 가공계획을 세우게 되며 머시닝센터를 이용한 가공영역이 결정되면 3D 모델링을 바탕으로 한 NC코드를 작성하고, 공구의 선택이나 일감의 고정방법 등 작업에 대한 모든 가공준비를 마치고 형상가공을 하게 된다.

3. 와이어 컷 방전 가공으로 대체

(1) 와이어 컷 방전가공

　와이어 컷 방전가공은 전극으로 동·황동·텅스텐 등의 재질로 된 가는 와이어 전극(ϕ 0.05~ 0.3mm의 와이어 사용)을 이용하여 가공물을 가공한다. 와이어 전극은 공급용 릴(Reel)로부터 항상 일정한 속도(1~10m/min)로 보내지며, 이는 방전작용으로 인한 전극의 소모를 보정해 준다.

(2) 와이어 방전가공의 특징

<표3-2-1>을 와이어 방전 가공의 특징을 표로 나타내었다.

<표3-2-1> 와이어 컷 가공의 특징

구 분	와이어 컷 방전가공
전 극	특정 형상의 전극이 불필요(∅0.05~0.3mm의 와이어 사용)
가공정도	NC장치에 의한 X,Y,U,V 축의 합성 운동
	클리어런스(Clearance)조절이 용이
	가공에 따른 소재의 잔류응력에 의한 변형 발생(2차 가공)
가공속도	가공면적이 적어 면적효과가 큼
안 전	가공액으로 물을 사용하므로 무인운전이 가능

(3) 와이어 방전가공영역

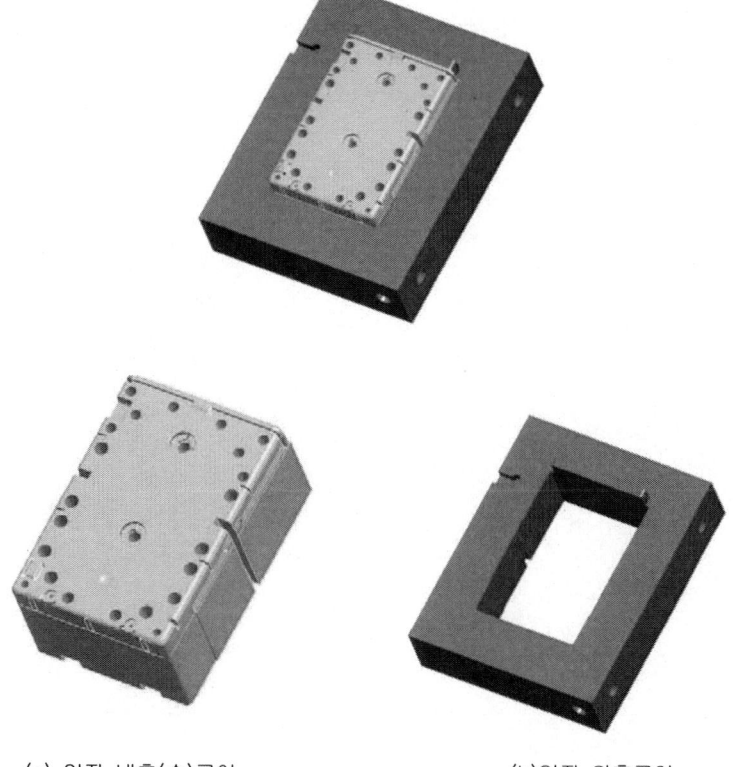

(a) 입자 내측(속)코어   (b)입자 외측코어

[그림3-2-6] 와이어 방전 가공

[그림3-2-6]은 한 개의 코어로 가공을 할 경우 NC가공, 형방전가공, 와이어 방전가공, 연마 등 많은 가공으로 이루어진다. 그러나 공정등을 최소화하기 위해서는 그림의 (a), (b)처럼 입자 속코어와 입자 테두리코어로 나누어 가공을 할 수 가 있다. [그림3-2-6(a)]는 NC가공, 형방전 가공, 와이어 방전가공 3개의 가공으로 완료를 할 수 있다. [그림3-2-6(b)]는 대부분 연마가공, 와이어 방전가공, 밀링가공으로 완료할 수가 있다. 수작업에 의한 가공은 줄일 수가 있다.

4. 형방전 가공으로 대체

(1) 금형도면 분석

(가) 부품도는 하나의 제품을 만들기 위해 금형이라는 틀 안에 형상을 만들어 넣는 것을 이야기 하며, 금형의 형개 면을 기준으로 고정측에 있으면 고정측 코어(상코어), 형개 면을 기준으로 가동측에 있으면 가동측 코어(하코어), 형개 면의 상·하측에 위치하며 형개 시 슬라이딩 구조로 작동하는 코어(슬라이드코어)로 구성한다.

(나) 부품도를 살펴보면 제품의 형태가 부분적으로 도시되어 있기 때문에 2D도 면으로 설계가 되어 있다면 능숙한 숙련자가 아니면 이해하기 어려울 수 있으며, 도면에 대한 정보는 제품에 대한 발주업체정보, 금형설계자정보, 형상정보, 가공정보, 재질정보, 수량정보, 수축률정보, 척도정보, 3각법 정보 등의 많은 정보들을 표제란에 기록한다.

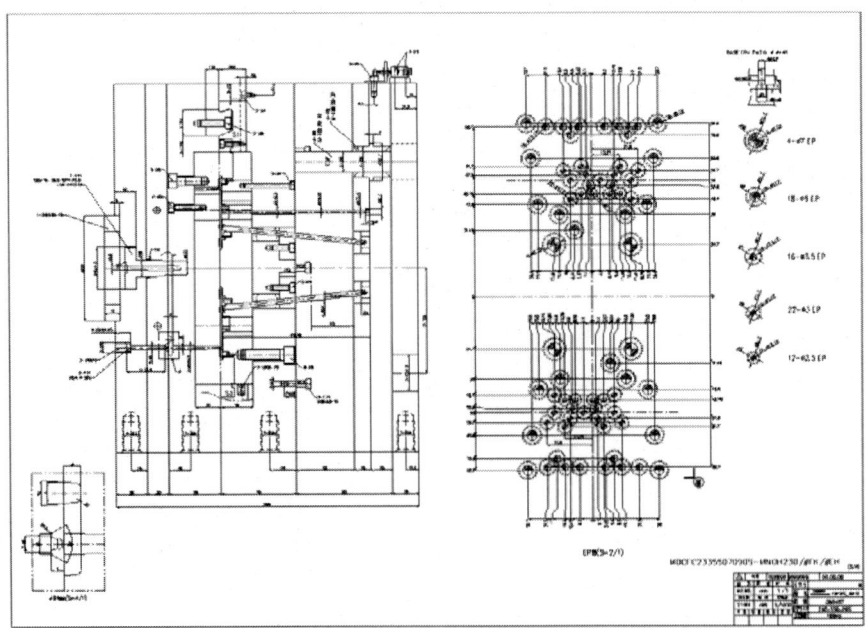

[그림3-2-7] 금형 조립도

(2) 공정계획표의 작성 및 이해

(가) 공정계획표란 : 납기 내에 금형을 제작하기 위하여 각각의 공정별 일정을 수립하고, 체크하여 자체적으로 관리하는 시트(Sheet)를 말한다.

(나) 공정별 일정표를 작성하기 위해서는 우선 도면에 대한 충분한 이해가 필요하며, 공정을 설계할 수 있는 능력이 필요하며, 또한 가공기기의 이해나 가공 방법에 대하여도 많은 지식이 필요하고, 전체적인 일정을 고려하여야하므로 충분한 경험이 필요하다.

(다) 공정계획표에는 금형제작을 위해 필요로 하는 부품리스트별 완료 일정 관리되어야 하며, 가공에 의해 완료되는 부품의 경우 공정별 가공 전. 후의 이상 유·무를 체크하여야 하고, 최종 가공공정 후에는 마지막으로 품질에 이상이 없는지를 확인한다.

(라) 구매품의 경우에는 구매 업체별 품질 및 가격에 대한 사전정보를 입수하여야하고, 부품별 품질 및 가격을 고려한 발주를 하여야 하며, 재고관리가 필요하다.

(마) 최근에는 금형업체별 회사에 적용하기 쉽게 제작된 공정관리 프로그램을 사용하는 경우가 많아지고 있으며, 공정에 대한 로스를 줄이고 생산성 높이기 위한 공정을 개발하여 사용하고 있다.

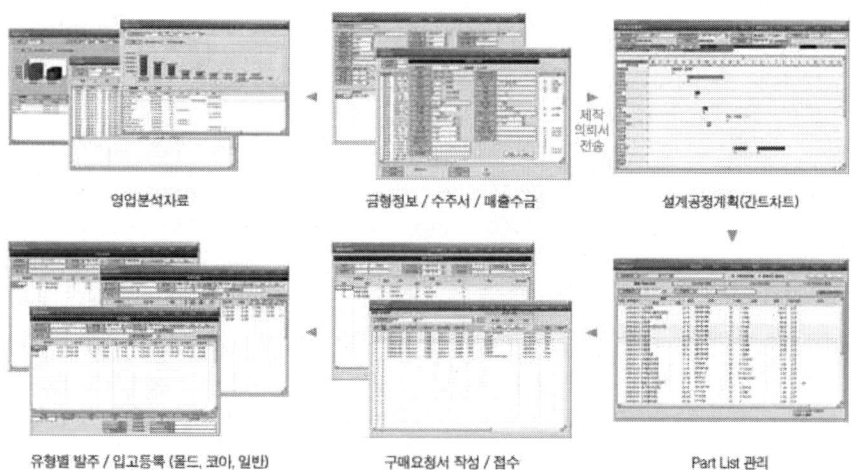

사출금형 제작 공정설계

				공정													
	상.하측	종류	완료일	금형설계	재료발주	밀링	선반	열처리	연삭	성형연삭	CNC밀링	W.C	EDM	미각기	조립	시험사출	측정
1																	
2	30	상코어															
3	40	하코어															
4	50	슬라이드코어															
5	3	상원판															
6	4	하원판															
7	5	받침판															
8	1	상고정판															
9	8	하고정판															
10	6	상일판															
11	7	하일판															
12	부품	E/P															
13	부품	표준부품															
14	기타	히트런너															

[그림3-2-8] 금형 공정표

(3) 방전가공 영역 결정

(가) 방전가공 영역에 대한 결정은 도면에 대한 충분한 분석이 이루어진 후, CNC밀링 및 고속 가공기에서 가공이 이루어지고 난 후에 최종적으로 가공이 이루어지는 부분으로 가능하면 범위과 양을 줄여서 가공한다. 왜냐하면 방전가공을 하기위해서는 무엇보다도 전극을 가공하여야 하는데, 이는 코어를 가공하는 것 만큼 많은 공정 및 비용이 소요되기 때문이다. 전극의 재료로 많이 사용되는 동, 동탄, 흑연 등은 그 원자재 값이 비싸며, CNC 밀링, 고속가공기, 와이어 컷 등의 고정밀도 기계에서의 가공이 이루어져야 하기 때문이다.

(나) 방전가공 영역을 결정하기에 앞서 또한 고려해야 하는 것이 후가공이다. 후가공이란 하나의 공정에서 작업이 이루어지는 것이 아니라 CNC 밀링가공 후에 와이어 컷 가공을 해야만 하는 경우에는 그 순서나 영역을 결정하는데 있어 신중하지 않으면 많은 비용이 소요될 수 있다. 방전가공은 금형 부품 중 코어가공을 할 경우, 여러 가공공정 중에 가장 마지막 공정에 위치하고 있으므로 방전 가공 중에 발생하는 불량은 이전 작업 공정의 모든 가공을 다시 작업하여야 하는 경우가 발생하므로 세심한 주의가 필요하다.

(4) 도면을 분석하여 방전가공 영역 결정

도면을 분석해 보면 우측 원호 안에 있는 제품의 형상은 와이어 컷 가공에 의해 전극 가공 후방전작업에 의한 완성이 되어야 하며, 화살표로 표시된 부분은 게이트의 형상이므로 역시 전극가공 후 방전가공으로 완성을 시켜야 하며, 주변의 러너형상은 CNC 고속가공기에 의해 완성 가공하게 된다. 도면을 분석한 후 방전가공 영역 결정 및 순서는

코어 도면의 분석 → 방전가공 영역 결정 → 전극가공방법 결정 → 재료준비 → 공정별 코

어가공으로 완성한다.

(5) CNC 방전가공의 전극 재료
방전가공용 전극의 재료는 이론적으로는 도전성이 좋은 재료라면 무엇이든 사용할 수 있으나 전기 저항 값이 적고 전기 전도도가 큰 재료, 방전 가공성이 좋으며, 성형이 용이하고 가격이 저렴한 재료가 많이 사용된다.

(가) 방전가공용 전극 재료의 구비 조건으로는
 ① 전기 저항 값이 낮고, 전기 전도도가 크다.
 ② 방전 가공성이 우수하다.
 ③ 융점이 높아 방전시 전극 소모가 적다.
 ④ 성형이 용이하고 가격이 저렴하여야 한다.

(나) 방전가공용 전극 재료의 종류
① 금속 재료 : 전기동, 동·텅스텐, 은·텅스텐 등
㉠ 전기동
 전기 전도도가 높아 방전 가공성이 우수하고, 가공이 용이하여 가장 많이 사용되고 있으며, 기계가공 및 산에 의한 침식을 이용하여 가공

[그림3-2-9] 동 전극 가공

㉡ 동·텅스텐(Cu-W), 은·텅스텐(Ag-W)
기계가공이 용이하고 강성이 좋아 정밀도를 필요로 하는 전극에 널리 사용되고 있으나, 가격이 고가이고 주조나 단조를 할 수 없는 단점도 있어 사용범위가 제한적이다.
 ○ 초경재의 가공
 ○ 깊은 구멍의 가공
 ○ 미세하고 복잡한 형상의 가공

○ 예리한 모서리의 가공
○ 미세한 부품의 대량 가공

② 비금속 재료 : 흑연(Graphite)
흑연이 주성분인 그래파이트는 절삭성이 좋아 기계가공이 가능하며, 다음과 같은 특성이 있다.

○ 동에 비하여 1/5의 가벼운 무게를 가지므로 대형 전극의 제작에 적합
○ 열변형이 적음(동의 1/4정도)
○ 방전성이 좋아 거친 절삭가공에 적합
○ 전극 가공시 분말가루가 많이 비산된다.

[그림3-2-10] 흑연 전극 가공

③ 혼합 재료 : 동·흑연

실기 내용

1. 수작업을 최소화할 수 있는 대체공정 수립

(1) 3D, 2D 금형도면을 준비한다.

[그림3-2-11] 3D 금형부품

① 간단한 금형설계 도면을 준비한다.
② 5명 정도의 인원으로 팀을 구성한다.

(2) 금형도면을 파악한다.
① 각 도면에 가공공정을 파악한다. (밀링, 선반, 연마 등)
② 수작업(밀링, 연마가공)을 할 수 있는 부분을 파악한다.

(3) 기계 가공부분을 파악한다.
① 기계 가공법에 대해서 파악한다.
② 도면에서 기계가공을 할 수 있는 부분들로 나누어 생각한다.

(4) 메인 캐비티나 코어를 기계가공을 할 수 있도록 분할한다.
① 메인 캐비티나 코어를 분할한다.
② 가공방법에 대해서 토론한다.

사출금형 제작 공정설계

장비 및 도구, 소요재료

구 분	명 칭	규격(사양)	1대당 활용인원
장 비	컴퓨터		1인
	프린터		10인
	2D, 3D CAD S/W		1인
공 구	계산기, 메모지, 펜		1인
	한글, Microsoft office 등 문서작성 S/W		1인
소요재료	금형도면		1인

안전유의사항

1. 안전유의사항
 - 도면검토의 정확성
 - 제작공정의 정확성

관련 자료

1. 관련 자료
 - 공정계획에 대한 지식
 - 금형, 가공, 검사 용어
 - 금형제작 시방서의 이해
 - 각종 도면 이해
 - 소재/부품의 특성에 대한 지식
 - 가공공정에 대한 지식
 - 표준시간 산출에 대한 지식
 - 공정별 적정 작업량에 대한 이해
 - 열처리 및 표면처리에 대한 지식
 - 공차 및 표면거칠기, 정밀도를 고려한 조립성에 대한 이해
 - 성능검사에 대한 기본 이해

단원명 3 대체공정 수립하기

단원명 3 | 교수방법 및 학습활동

교수 방법

- 기계 가공방법 및 베인 코어 분할에 대해 파워포인트(PPT) 등의 도구를 사용해 설명한다.
- 금형도면을 준비하여 도면에서 가공되는 방법에 대해서 설명한다.
- 기계 가공방법에 대해서 설명한다.
- 그림이나 동영상등의 보고재를 활용하여 설명한다.

학습 활동

- 기계가공법에 대해서 서로 토의할 수 있도록 한다.
- 기계가공법에 대해서 발표할 수 있도록 한다.
- 금형도면에 대해서 가공방법을 분석하도록 한다.
- 기계가공법에 대해서 숙지할 수 있도록 한다.
- 메인 캐비티나 코어의 분할 방법에 대해서 토의할 수 있도록 한다.

사출금형 제작 공정설계

단원명 3 | 평가

평가 시점

- 기계 가공법에 대해서 교육중 각 그룹별로 발표하여 평가한다.
- 기계가공법에 대해서 중간고사나 기말고사는 객관식 문제, 단답형 및 주관식으로 평가한다.

평가 준거

평가영역	평가항목	성취수준				
		잘모른다	미흡하다	보통이다	알고있다	잘알고있다
대체공정 수립하기	부품을 가공하기 위하여 대체공정을 예측할 수 있는가?					
	수작업을 최소화할 수 있는 공정으로 대체할 수 있는가?					

평가 방법

평가영역	평가항목	평가방법
대체공정 수립하기	부품을 가공하기 위하여 대체공정을 예측할 수 있는가?	토론, 발표 및 문제풀이로 평가
	수작업을 최소화할 수 있는 공정으로 대체할 수 있는가?	

단원명 3 대체공정 수립하기

피드백

1. 문제해결 시나리오
   - 문제 해결 진행 과정중 필요시마다 피드백을 제공하여 문제 해결을 용이하게 한다.

2. 사례연구
   - 금형도면을 준비하여 학습자들끼리 도면을 검토하고, 기계 가공법에 대해서 조사한다.
   - 금형도면을 준비하여 학습자들끼리 도면을 검토하고, 메인 캐비티나 코어의 분할에 대해서 토론한다.
   - 조사한 내용을 서로 공유할 수 있도록 문서를 작성하여 제시한다.
   - 조사, 발표한 내용을 평가한 후에 수정 사항과 주요 사항을 표시하여 다음 수업 시작 시간에 확인 설명한다.

3. 구두발표
   - 발표 과정마다 기계가공 및 코어분할에 대한 오류 사항과 주요 사항을 점검, 조정한다.

평가 문제

1. 금형제작 시 장비문제나 시간문제 등에 의해서 가공 방법을 변경해야 하는 경우가 있다. 다음은 어떤 이유에서 변경을 하는가?

사내의 보유 가공설비에 있어서 추가가공 공정으로 들어가지 못하고 대기시간이 너무 많이 발생 하여 납기 등에 지장을 줄 경우에 해당 하는 것으로 설계자가 항상 현장 작업자와 긴밀한 협의를 가져야 한다.

2. 방전가공용 전극의 재료는 이론적으로는 도전성이 좋은 재료라면 무엇이든 사용할 수 있으나 전기 저항 값이 적고 전기 전도도가 큰 재료, 방전 가공성이 좋으며, 성형이 용이하고 가격이 저렴한 재료가 많이 사용된다. 방전가공용 전극 재료의 구비 조건은?

사출금형 제작 공정설계

단원명 4   공정 개발하기(15230202_14v2.4)

4-1   공정 작업지시 결정하기

교육훈련 목　　표	• 가공완성도를 향상시킬 수 있는 공정작업지시를 할 수 있다.

필요 지식

1. 부품 도면의 치수

　정밀한 사출금형을 제작하기 위해서는 제품도의 중요한 관리치수, 외관 면조도, 후 가공처리 여부 등 제품설계자의 의도를 충분히 숙지하고, 가공을 해야 한다.

(1) 제품도의 일반공차

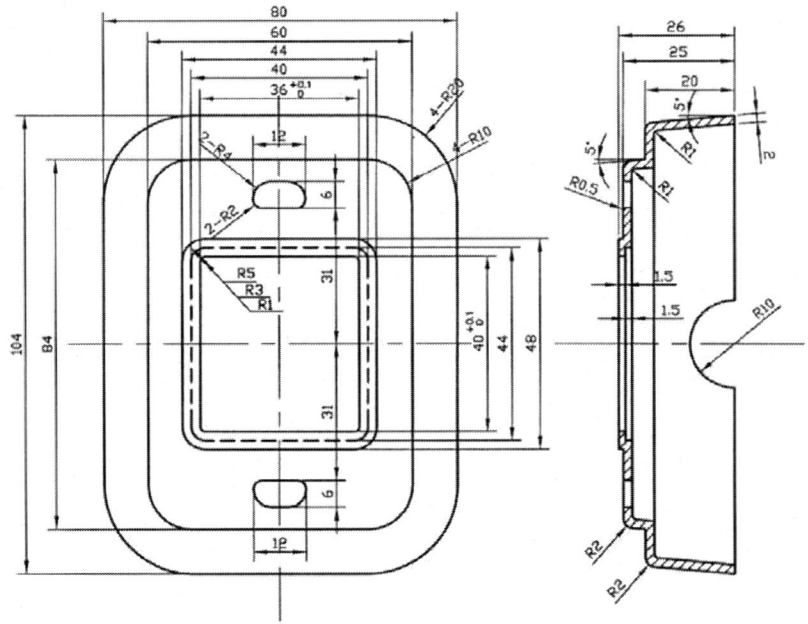

[그림4-1-1] 제품도

<표4-1-1> 열가소성 허용오차

단위 : mm

치수구분(mm)	고 정밀급 (A)	중 정밀급 (B)	보통급(C)
3까지	±0.14	±0.18	±0.25
10까지	±0.18	±0.25	±0.40
30까지	±0.25	±0.4	±0.6
80까지	±0.40	±0.6	±0.9
180까지	±0.50	±0.8	±1.3
310까지	±0.65	±1.0	±1.6
500까지	±0.80	±1.5	±2.0
800까지	±1.0	±1.3	±2.5
900까지	±1.15	±1.8	±3.1
1200까지	±1.30	±2.2	±3.8

<표4-1-2> 열경화성 허용오차

단위 : mm

치수구분 \ 등급	1	2	3	4	휨
6mm까지	0.05	0.10	0.10	0.20	0.2
6 ~ 18mm까지	0.08	0.10	0.15	0.25	0.35
18 ~ 30mm까지	0.10	0.15	0.20	0.30	0.4
30 ~ 50mm까지	0.15	0.20	0.25	0.35	0.5
50 ~ 80mm까지	0.20	0.25	0.30	0.50	0.65
80 ~ 120mm까지	0.25	0.35	0.30	0.70	0.80
120 ~ 180mm까지	0.35	0.50	0.70	1.00	1.00
180 ~ 250mm까지	0.50	0.70	1.00	1.50	1.30
적용 제1종	정밀급	중 급	보통급	보통급	
제2종		정밀급	중 급	중 급	
제3종			정밀급		

*주 : 1. 위의 치수는 모두 ±를 붙여서 사용한다. 따라서 한쪽의 허용차의 경우 2배의 허용차 범위로 한다.
　　(예) 치수구분의 50 ~ 80mm까지 2급 적용의 경우 허용차는 ±0.25,또는 -0.5 또는 0.으로 된다.
　2. 휨, 평면도는 성형품에 연속한 평면상의 떨어진 임의의 점을 기준으로 두께 측정기를 사용해서 측정한다.

(2) 금형 도면에 표기된 치수

다음은 위의 제품도의 금형도면을 나타내었다. 캐비티나 코어 도면은 표면 상태에 대한 부분은 나타내어 있지 않다.

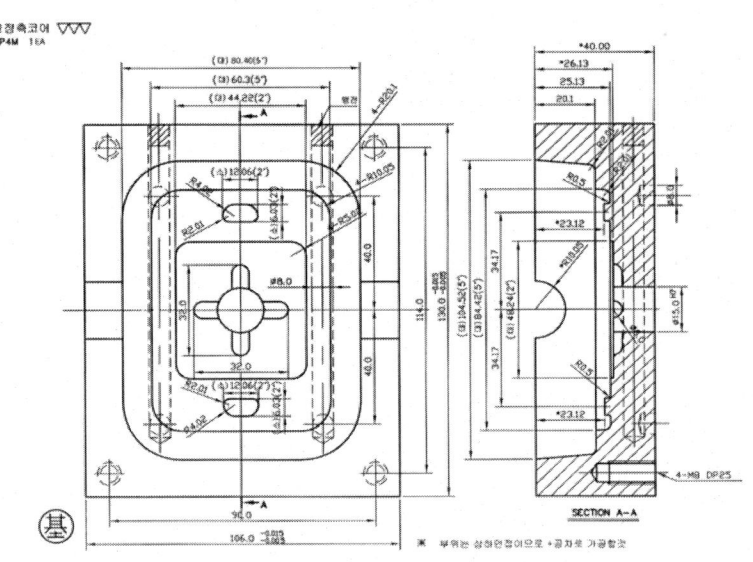

[그림4-1-2] 캐비티

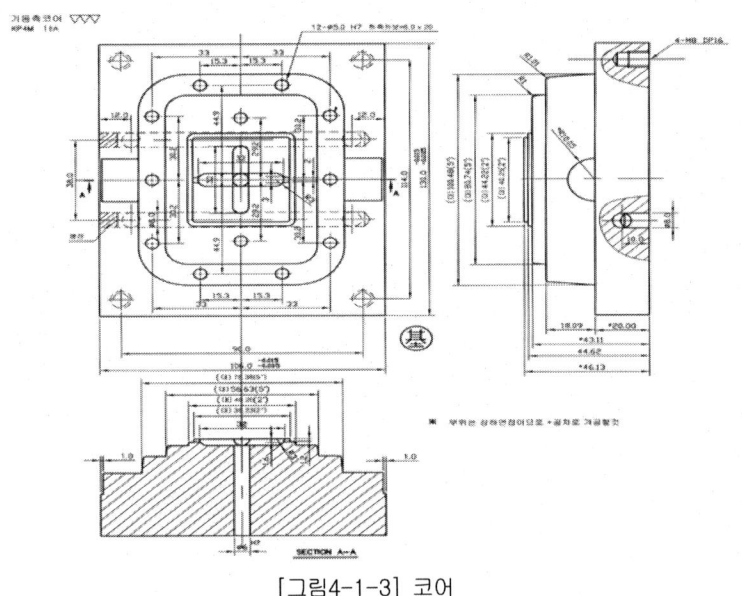

[그림4-1-3] 코어

2. 공작기계와 표면 정밀도

(1) 표면조도

가공 과정에서 필연적으로 발생하는 규칙적이거나 불규칙적인 요철을 말한다. 기계 부품이 요철이 없는 이상적인 표면을 갖도록 제작하는 것은 생산 공학적으로 불가능하며, 필요 이상으로 표면을 매끄럽게 다듬는 것은 비경제적이다. 그러므로 기계 부품은 그 사용 목적과 기능에 따라 적절하게 다듬어져야 한다. KS에서 규정하는 표면 거칠기 표시 방법에는 중심선 평균 거칠기, 최대높이, 10점 평균 거칠기 등이 있다. 도면에는 이 중 한 가지 방법으로 부품의 표면 거칠기가 지시되어야 한다.

(2) 중심선 평균 거칠기(Ra)

중심선 평균 거칠기(Arithmetical Average Roughness)는 거칠기 곡선에서 기준길이 전체에 걸쳐 평균 선으로부터 벗어나는 모든 봉우리와 골짜기의 편차 평균값을 표면 거칠기로 사용한다. 거칠기 곡선에서 중심선이 평균 선으로 부터 떨어진 거리(Ra)가 중심선 평균 거칠기에 해당된다. 중심선 평균 거칠기는 가장 많이 사용되는 표면 거칠기 표시 방법(Parameter)이다. 도면에서 표면 거칠기를 지정할 때에는 표에 나타낸 표준 값을 사용하여 지정한다.

<표4-1-3> 중심선 평균 거칠기

표준 값(µm)	0.013, 0.025, 0.05, 0.1, 0.2, 0.4, 0.8, 1.6, 3.2, 6.3, 12.5	25, 50, 100
컷오프 값(mm)	0.8	2.5

(3) 최대높이(Rmax)

최대 높이(Maximum Height Roughness)는 단면곡선의 가장 높은 봉우리에서 가장 깊은 골짜기까지의 수직 거리를 표면 거칠기로 사용한다. 다음 표는 도면에서 표면 거칠기를 지정할 때 사용하는 최대높이의 표준 값을 나타낸 것이다.

<표4-1-4> 최대높이

표준 값(µm)	0.05, 0.1, 0.2, 0.4, 0.8	1.6, 3.2, 6.3	12.5, 25	50, 100	200, 400
기준길이(mm)	0.25	0.8	2.5	8	25

(4) 10점 평균 거칠기(Rz)

10점 평균 거칠기(ten point median height)는 단면곡선에서 가장 높은 봉우리 5개의 평균 높이와 가장 깊은 골짜기 5개의 평균 깊이의 차를 표면 거칠기로 사용한다. 다음 표는 10점 평균 거칠기의 표준 값을 나타낸 것이다.

<표4-1-5> 10점 평균 거칠기

표준 값(µm)	0.05, 0.1, 0.2, 0.4, 0.8	1.6, 3.2, 6.3	12.5, 25	50, 100	200, 400
기준길이(mm)	0.25	0.8	2.5	8	25

3. 금형의 마모

부품인 피 가공물에 치수 변화가 일어난다는 것은 도표에서 보는 바와 같이 많은 요인들로서 발생 될 수 있으며 이와 같이 금형의 마모로서 치수 변화를 가져 올 수 있는 것을 볼 수가 있다. 가장 많은 영향을 주는 것이 공구와 관련이 있다.

4. 공구의 수명

각 작업 조건에 따라 공구 수명에 대한 기준은 다르게 적용할 필요가 있으므로, 공구 수명을 한마디로 명확하게 정의하는 것은 간단하지 않다.

예를 들면, 정삭 작업에서는 표면 거칠기나 가공 정밀도 문제가 없을 때까지, 황삭 작업에서는 공구가 파손되기 전까지를 공구 수명으로 볼 수 있으며, 경우에 따라 공구 재 연마사용 횟수를 늘리기 위해, 공구 수명을 약간 짧게 관리할 필요도 있다. 일반적으로 다른 조건이 동일하다면 공구 수명은 절삭속도, 이송률, 절삭 깊이의 순서로 영향을 받는다.

(1) 테일러의 공구 수명식

공구 수명 판정 기준에 관계없이, 일반적으로 다른 모든 조건이 동일하다면 절삭 속도 증가에 따라 공구 수명은 급격하게 감소된다.

○ Taylor의 공구 수명식

$$VT^n = C$$

V: 절삭속도(m/min)
T : 공구수명(min)
n, C : 상수

Taylor는 공구 수명과 절삭 속도가 아래 식으로 나타나는 것을 정리하였다. 위 식에서 보는 것처럼 생산성을 올리기 위해 절삭속도를 올리면, 공구 수명이 급속하게 줄어들게 되므로 공구비용과 공구 교체 시간이 증가한다. 요구 사이클 타임 등의 문제로 불가피한 경우도 있지만, 제조 원가를 최소한으로 할 수 있는 경제적 절삭 속도를 찾아 적용하는 노력이 필요하다. 적절한 공구 재료의 선정, 절삭 조건의 결정은 생산성이나 제조 원가에 큰 영향을 미친다.

(2) 공구의 마모

공구 수명 판정 기준에 관계없이, 일반적으로 다른 모든 조건이 동일하다면 절삭 속도 증가에 따라 공구 수명은 급격하게 감소된다. 공구 손상은 마찰이나 충격, 진동 등 기계적 원인에 의한 마모와 열적, 화학적 작용에 의한 마모로 구분할 수 있으나, 실지 마모는 여러 가지 요인이 복합적으로 작용하여 발생하게 된다.

 정상 마모의 대표적인 형태는 여유면 마모(Flank Wear)와 크레이터 마모(Crater Wear) 두 가지로 구분할 수 있으며, 일반적으로 여유면 마모는 기계적 원인, 크레이터 마모는 열적, 화학적 작용의 영향을 더 많이 받는다.

(가) 열적, 화학적 작용으로 인한 마모의 구분
- 열확산 : 고온으로 인한 열 진동에 의해 공구와 피삭재의 구성 성분이 서로 혼합되는 현상
- 용착 : 피삭재가 재결정 온도 이상으로 가열되어 공구 면에 응착
- 압착 : 재결정 온도 이하의 피삭재가 절삭시의 높은 압력으로 공구 면에 응착
- 화학적 반응에 의한 마모 : 고온에서 공구 재, 피삭재, 절삭유제(특히, 극압 첨가제)의 화학적 반응산화, 유, 염화 유의 부식 작용 등으로 마모 증대
- 전기 화학적인 마모 : 고온에서 공구재, 피삭재 중의 불순물로 인해 발생한 기전력으로 화학 반응이 촉진되어 마모 속도 증가
- 기타 열 피로(Thermal Fatigue), 열 균열(Thermal Crack) 등

(나) 공구의 마모 형태
① 여유면 마모 (Flank Wear)
 공구 여유면 랜드 부에 생기는 마모를 말한다. 대표적인 정상 마모의 형태로 육안으로 쉽게 관찰이 가능해 일반적으로 공구 교환 시기에 대한 판단 기준으로 사용된다.
- 공구 여유면 마모로 공구 수명 정의
경우에 따라 다르지만 일반적으로 마모 폭이 정삭 시 0.1~0.2 mm, 황삭 시 0.5 ~ 1.0 mm 정도면 교환해 주는 게 좋다.
여유각(Relief 또는 Clearance Angle)이 클수록, 즉 공구 날 끝이 날카로울수록, 여유면 마모 속도를 줄일 수 있으나, 날 끝 강도가 약해져 파손 위험이 증가한다.
고경도 피삭재, 중 절삭, 취성이 있는 고경도 공구 재료일 경우 작은 각으로 하고, 연한 피삭재, 경 절삭, 인성이 우수한 공구 재료일 경우 큰 각으로(날카롭게) 하는 것이 좋다.
② 크레이터 마모 (Crater Wear)
  절삭 날 위경사면(Rake)에 생기는 분화구 형태의 마모를 말한다.
  보통 피삭재가 Crater 하단부에 용착되어 마모 상태 파악이 어려운 경우가 많다.
  불가피한 정상 마모의 형태로 볼 수 있으나, Crater 성장 속도가 너무 빠를 경우 절삭 조건 등을 변경할 필요가 있다.
③ 칩핑 (Chipping : 날 끝 미세 결손)
  기계적 충격으로 날 끝이 미세하게 이빨 빠진 형태로 파손되는 경우를 말한다. 취성이 있는 고경도 공구로 단속 절삭할 경우 주로 발생한다. 칩핑 방지를 위해서는 상면 경사각을 음의 값으로 하는 것이 유리하다. 예를 들어 초경 엔드밀을 고속도강 엔드밀의 형상과 같이

상면 경사각을 양의 값으로 제작해 사용하면 고속가공 시 칩핑이 발생하기 쉽다. 일반적으로 양의 상면 경사각은 공구인선을 예리하게 하며 절삭성이 좋아지고 절삭저항이 낮아지게 되어 절삭열의 발생도 억제할 수 있다. 그러나 초경합금은 고속도강에 비해 경도, 내열성에서는 우수하지만 인성이 낮기 때문에 고속도강 엔드밀의 형상을 그대로 초경 엔드밀에 적용하면 고속 가공 시 칩핑이 발생하기 쉽다. 따라서 고속 가공용 초경 엔드밀은 상면 경사각을 음의 값으로 제작하여 공구인선의 강성을 증가시켜야 칩핑의 발생을 억제할 수 있다. 그러나 상면 경사각을 음으로 하면 절삭성이 나빠지므로, 절삭성의 향상을 위하여 보통 비틀림 각(Helix)을 증가시키는 등의 방법을 같이 사용한다.

④ 결손 (Scratching)
칩핑보다 약간 큰 형태로 날 끝이 파손되는 경우를 말한다.

⑤ 파손
절삭 날 전체의 파손을 말한다.

⑥ 박리 또는 분리 (Cracking)
공구의 표피가 벗겨지는 형태로 떨어져 나가는 것을 말한다.

⑦ 소성변형 (Deformation)
절삭시의 고온으로 날 끝이 소성변형을 일으키는 것을 말한다.

⑧ 균열
열 충격 등으로 공구에 금이 가는 것을 말한다.

⑨ 완전손상
공구가 완전 손상되는 것을 말하며, 공작물이나, 공구홀더 까지 같이 손상될 수 있으므로 가능한 발생하지 않도록 할 필요가 있다.

5. 공차의 종류

(1) 공작물의 형상 공차

형상에 대한 공차는 도면이 시사하는 곳의 희망하는 형상에 대해 실제의 표면 또는 형체가 얼마만큼 변동을 허용하는가를 규정하는 것이다. 형상공차는 기능과 호환성이 중요한 모든 형체에 대해 규정한다. 즉, 현장의 작업표준이나 공작수준이 필요한 정밀도를 얻는데 신뢰할 수 없을 때 적절한 공작수준을 확립할 만한 작업표준이 만들어져 있지 않을 때, 또는 치수공차만으로는 필요한 규제가 되지 않는 경우에 적용된다. 형상공차는 서로 상호관계가 있다.

(가) 평면도(Flatness)

평면도는 평면부분의 기하학적 평면에서 벗어난 표면 조건을 말한다. 평면도 공차는 실제의 면이 들어가지 않으면 안 되는 2평행 평면 사이의 거리를 공차 역으로 규제한다. 평면도 공차는 크기를 나타내는 치수공차 범위 내에 있어야 하며 데이텀 참조를 필요로 하지 않고 표면을 규제하는 형상공차이므로 MMC를 적용시킬 수 없다.

(나) 진 직도(Straightness)

진직도란 직선부분의 기하학적 이상직선에서 벗어난 크기를 말한다. 진직도 공차는 진 직선에 따르는 균일한 폭의 공차 역을 규제하는 것으로서 그 영역 내에 대상되는 선상의 모든 점이 들어 있어야 한다. 진 직도 공차방식은 어떠한 데이텀 참조가 없다. 진직도 공차는 단독 엘리멘트로서 MMC로서 모디파이 할 수 없다. 진직도 공차는 다른 형상 규제를 더욱 규제하기 위해서 적용된다.
- 단위 진직도 : 진직도를 단위 길이에 대하여 규제할 필요가 있을 때 예를 들어 아주 긴 평탄한 표면이나 봉에 대해 단위 길이 당 진직도를 규제할 경우 한부분에서 전체의 진직도 오차가 일어나는 것을 방지할 수가 있다.

(다) 평행도(Parallelism)

평행도란 평행하여야 할 직선부분과 직선부분, 직선부분과 평면부분, 혹은 평면부분과 평면부분이 짝지어 있을 때 그 중 한쪽을 데이텀으로 하고 이 데이텀에 대하여 평행한 기하학적 직선 또는 기하학적 평면으로부터 다른 한 쪽의 직선부분 또는 평면부분의 어긋남의 크기를 말한다. 평탄한 표면에 평행도 공차가 적용되고 평면도 공차가 규제되어 있지 않으면 평행도 공차는 평면도까지도 규제가 된다. 평면도는 적어도 평행도와 동일한 정도로 규제된다.

(라) 직각도(Squareness)

직각도란 직각이어야 할 직선부분, 직선부분과 평면부분, 또는 평면부분과 평면부분이 짝지어 있을 때, 그 중 한쪽을 데이텀으로 하여, 이에 대하여 직각인 기하학적 직선 또는 평면으로부터의 어긋남의 크기를 말한다. 직각도 공차가 규정하는 공차 역은 다음과 같다.
① 데이텀 평면에 직각인 2평면에 끼워지는 공차 역으로서 이 공차 역 안에 형체의 표면이나, 중간 면이 존재해 야 한다.
② 데이텀 축심에 직각인 2평행면에 끼워지는 공차 역으로 규정하고 그 공차 역 안에 형체의 축심이 존재해 야 한다.
③ 데이텀 평면에 직각인 원통 상 공차 역을 규정하고, 이 공차 역 안에 축심이 존재해야 한다.
④ 데이텀 평면 또는 데이텀 축심에 직각인 2평행 직선에 끼워진 공차 역을 규정하고 그 공차 역 안에 표면의 요소가 존재해 야 한다. (반경 직각도) 평탄한 표면에 적용된 직각도 공차는 평면도 공차가 규제되어 있지 않으면 평면도 까지도 규제한다.

(마) 경사도(Angularity)

경사도란 이론적으로 정확한 각도(직각은 제외)를 이루고 있어야 할 직선부분, 직선부분과 평면부분, 평면부분과 평면부분이 짝지어져 있을 때 그 중 한쪽을 데이텀으로 하여, 이에 대한 이론적으로 정확한 각도를 이루고 있는 기하학적 평면으로부터 다른 직선부분, 혹은 평면부분의 어긋남의 크기를 말한다.

(바) 진원도(Roundness)

진원도란 회전면(원통, 원추, 구)의 표면 상태로서 원형부분의 기하학적 원에서 벗어난 크기를 말하며 진원도 공차가 규정하는 공차 역은 동일평면상에 있는 두 개의 동심원을 경계로 하는 영역이며, 실제의 표면은 이 영역 안에 존재해야 한다.

(사) 원통도(Cylindricity)

원통도란 원통부분의 기하학적 원통 면에서 어긋남의 크기를 말하며, 원통도 공차는 2개의 동심원통에 끼워진 환상부분을 공차 역으로 규정하고 부품의 표면은 이 영역내부에 존재해야 한다.

(아) 윤곽공차방식(Profile Tolerance)

윤곽공차방식이란 표면이나 표면상의 엘리멘트의 변동량을 일정하게 규제하기 위해 사용되며 임의의 면의 윤곽과 임의의 선의 윤곽의 두 가지가 있다. 선의 윤곽도는 이론적으로 정확한 치수에 의하여 결정된 기하학적 윤곽으로부터 선의 윤곽이 어긋남의 크기를 말하고, 면의 윤곽도는 이론적으로 정확한 치수에 의하여 결정된 기하학적 윤곽으로 부터의 면의 윤곽의 어긋남의 크기를 말한다.

(자) 흔들림(Runout)

흔들림은 제품을 축을 중심으로 회전시켰을 때 측정되는 이상적인 형상으로 부터의 표면의 변화량으로 다이얼 게이지를 사용하여 제품을 데이텀 축심을 기준으로 회전시켰을 때 다이얼 게이지에 나타난 읽음 량이며, 진원도, 진직도, 직각도와 동심도 등을 포함하는 복합공차이다.

(카) 실효치수(Virtual Size)

형체의 실효치수란 결합부품 또는 형체들 사이에서 틈새를 정함에 있어서 고려해 야 할 유효치수로서 규정된 공차 내에서 허용되는 모든 윤곽변동의 종합적 효과에 따라 생기는 치수이다.

6. 끼워 맞춤 공차

(1) 끼워 맞춤

어느 기준 값에 대해 규정된 최댓값과 최솟값의 차이를 말한다. 기계부품에서 축과 구멍과 같이 끼워 맞춤 사용할 때 단단한 끼워 맞춤인가 헐거운 끼워 맞춤인가에 따라 기계의 성능에 크게 영향을 미친다.

부분품이 알맞은 틈새로 끼워 맞추어지는 것을 끼워 맞춤이라 하고, 부분품의 사용목적에 따라 단단한 끼워 맞춤 또는 헐거운 끼워 맞춤이 요구된다. 설계도에 기입된 치수는 설계계산에 의해 정해진 치수이며, 이것을 호칭치수라고 한다. 실제로 기계가공을 하여 완성된 치수와 호

칭치수가 똑같기란 어려우므로, 호칭치수에 대해 실용상 허용되는 최대치수와 최소치수를 정하고, 가공해서 다듬질한 후의 치수가 이 최대치수와 최소치수 사이 즉, 공차에 들어 있으면 공작이 쉬워진다. 공차는 끼워 맞추기의 종류에 따라 다르며, 가공된 것이 공차의 범위 내에 들어 있는가를 검사하는 기구를 한계게이지라고 한다.

(2) 조립 공차

축과 구멍의 두 부품이 조립될 때의 조임 정도를 말한다.

조립되는 두 부품 간에 조립 시에 기준을 정해야 하고, 그 기준은 축기준과 구멍기준 두 가지가 있다. 그리고 그 기준에 따라서 아래와 같은 두 가지 종류의 조립방법이 있다.

첫째, 축 기준 구멍 끼워 맞춤
둘째, 구멍기준 축 끼워 맞춤

일반적으로 축은 가공하기가 쉽고, 구멍의 경우에는 가공하기가 어렵다. 따라서, 가공하기 어려운 구멍을 기준으로 채택하고 축을 끼워 맞추는 방식을 채택한다. 우리가 택하는 방법도 구멍기준 축 끼워 맞춤으로 한다.

사출금형 제작 공정설계

> **실기 내용**

1. 가공 완성도를 향상시킬 수 있는 공정작업지시

   (1) 2D 금형도면을 준비한다.

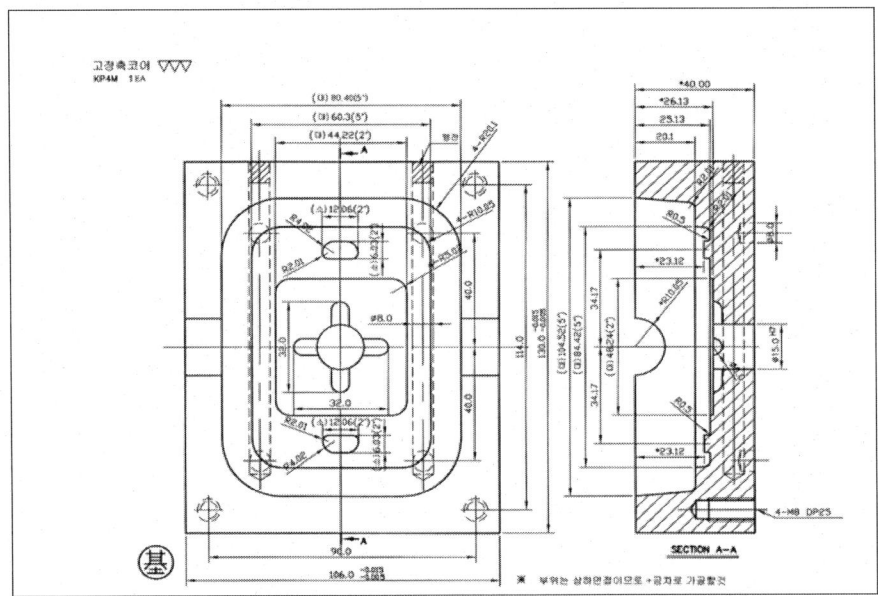

<그림4-1-4> 금형도면

    ① 간단한 금형설계 도면을 준비한다.
    ② 5명 정도의 인원으로 팀을 구성한다.

   (2) 금형도면을 파악한다.
    ① 각 도면에 표면조도를 파악한다.

   (3) 표면조도에 맞는 가공 방법을 선택한다.
    ① 표면조도에 맞는 가공 방법을 선택한다.

   (4) 표면조도에 맞는 가공 방법을 토론한다.
    ① 표면조도에 맞는 가공 방법을 경정한다.
    ② 가공방법들에 대해서 발표한다.

단원명 4 공정 개발하기

장비 및 도구, 소요재료

구 분	명 칭	규격(사양)	1대당 활용인원
장 비	컴퓨터		1인
	프린터		10인
	2D, 3D CAD S/W		1인
공 구	계산기, 메모지, 펜		1인
	한글, Microsoft office 등 문서작성 S/W		1인
소요재료	금형도면		1인

안전유의사항

1. 안전유의사항

 - 도면검토의 정확성
 - 제작공정의 정확성
 - 생산성 향상에 대한 의지

관련 자료

1. 관련 자료

 - 공정계획에 대한 지식
 - 금형, 가공, 검사 용어
 - 금형제작 시방서의 이해
 - 각종 도면 이해
 - 소재/부품의 특성에 대한 지식
 - 가공공정에 대한 지식
 - 표준시간 산출에 대한 지식
 - 공정별 적정 작업량에 대한 이해
 - 열처리 및 표면처리에 대한 지식
 - 공차 및 표면거칠기, 정밀도를 고려한 조립성에 대한 이해
 - 성능검사에 대한 기본 이해

사출금형 제작 공정설계

단원명 4 | 교수방법 및 학습활동

교수 방법

- 기계 가공순서에 대해 파워포인트(PPT) 등의 도구를 사용해 설명한다.
- 금형도면을 준비하여 도면에서 가공되는 방법에 대해서 설명한다.
- 기계 가공방법에 대해서 설명한다.
- 그림이나 동영상등의 보고재를 활용하여 설명한다.

학습 활동

- 기계가공법에 대해서 서로 토의할 수 있도록 한다.
- 기계가공법에 대해서 발표할 수 있도록 한다.
- 금형도면에 대해서 가공방법을 분석하도록 한다.
- 기계가공법에 대해서 숙지할 수 있도록 한다.
- 기계가공 순서에 대해서 숙지할 수 있도록 한다.

단원명 4 공정 개발하기

단원명 4 평가

평가 시점

- 기계 가공순서에 대해서 교육중 각 그룹별로 발표하여 평가한다.
- 기계 가공순서에 대해서 중간고사나 기말고사는 객관식 문제, 단답형 및 주관식으로 평가한다.

평가 준거

평가영역	평가항목	성취수준				
		잘모른다	미흡하다	보통이다	알고있다	잘알고있다
공정개발하기	가공 완성도를 향상시킬 수 있는 공정작업지시를 할 수 있는가?					

평가 방법

평가영역	평가항목	평가방법
공정개발하기	가공 완성도를 향상시킬 수 있는 공정작업지시를 할 수 있는가?	토론, 발표 및 문제풀이로 평가

사출금형 제작 공정설계

피드백

1. 문제해결 시나리오
   - 문제 해결 진행 과정중 필요시마다 피드백을 제공하여 문제 해결을 용이하게 한다.

2. 사례연구
   - 금형도면을 준비하여 학습자들끼리 도면을 검토하고, 기계 가공법에 대해서 조사한다.
   - 금형도면을 준비하여 학습자들끼리 도면을 검토하고, 기계 가공순서에 대해서 조사한다.
   - 조사한 내용을 서로 공유할 수 있도록 문서를 작성하여 제시한다.
   - 조사, 발표한 내용을 평가한 후에 수정 사항과 주요 사항을 표시하여 다음 수업 시작 시간에 확인 설명한다.

3. 구두발표
   - 발표 과정마다 기계순서에 대한 오류 사항과 주요 사항을 점검, 조정한다.

평가 문제

1. 표면 거칠기 표시법의 중심 평균 거칠기에 대해 설명 하시오.

학습 정리

학습 정리

단원명 1 공정계획 수립하기

- 제작공정도 작성하기
1. 공정 관리
원자재가 제품이 되기까지에는 여러 가지 작업을 필요로 하는데, 그러한 작업에는 일정한 순서와 계열이 있으며, 부분적인 공정의 결합을 이루고 있다. 그와 같은 작업의 계열을 생산 공정이라고 한다. 일반적으로 근대적 대공장에서는 생산 공정이 매우 복잡한 콤비네이션에 의해 이루어지고 있기 때문에, 공정의 일부에 잘못이 생기면 생산 공정 전체가 영향을 받아, 제품 제조에 중대한 지장을 가져온다. 그러므로 각 부분공정과 작업을 생산물에 주목하면서 일정한 시간계획 하에서 규제·통제함으로써 모든 생산 공정의 흐름을 원활하게 하려는 것이 공정관리이다.

2. 공정관리 절차
(1) 공정계획 및 일정계산(Time Planning/ Time Estimating)
① 도면과 시방서를 중심으로 작업을 분류
② 작업순서를 결정
③ 각 작업의 소요기간을 산정하여 공정표를 구성(Time Estimating)
④ 각 단계에서 공사비 견적서를 토대로 작업 분류에서 작성된 각 작업에 해당하는 수량과 금액을 할당

(2) 일정계획(Scheduling)
① 각 작업의 착수와 완료일정 및 여유시간(Float)을 계산하고 전체 공사기간을 산정한다.
② 공정관리 이론을 적용하여 공사기간을 조정하고, 필요시 자원을 평균화하거나 적절하게 배당한다.
③ CPM 일정 계산법을 이용하여 Early Start/Finish Time, Late Start/Finish Time의 일정을 계산하고 주공정(critical path)을 찾는다.

(3) 진도관리(Control)
① 실제공사의 진행과 계획된 예정공정을 비교하여 측정한다.
② 공기 지연 등 문제가 발생하였을 때는 지연 원인을 분석하고 공기를 만회하기 위하여 필요한 조치를 취하고, 필요시 공정표를 수정한다.
③ 각 시점에서 수집된 공사 진행 자료를 공정표와 비교하여 공사 진도율을 산정하고 작업일

사출금형 제작 공정설계

정의 조정이 필요한 경우는 일정계획을 재수립한다.

- 공정변경하기
3. 공정 개선
질, 양, Cost 개선을 목적으로 공정의 요인-주로 4M-에 대하여 조사, 해석을 실시하고, 가장 알맞은 공정으로 개선하는 활동을 이야기 한다.
공정 개선이 필요한 경우
○ 규정된 표준대로 작업을 하여도 얻어진 결과가 목표 미달
○ 규정된 표준대로 작업을 해 온 결과, 당초의 목표를 거의 만족시키고 있으나 시장 등 Needs의 변화로 더욱 높은 Level의 공정이 필요
○ 규정된 표준대로 작업을 할 수 없어서 결과가 목표미달인 경우 등, 세 가지가 있으며, 어느 경우이건 먼저 충분히 현상파악을 한 다음, 문제점을 정확히 파악하여 대책을 강구할 필요가 있다

(1) 공정 개선의 순서
문제를 해결하는 방법에는 여러 가지가 있으나 QC 분야에서는 다음과 같은 Data에 입각한 실증적 문제 해결법이 그 적용범위의 광범위성과 확실성 때문에 널리 활용되고 있으며, QC적 문제해결법, 또는 QC story라고 부르기도 한다. 이는 ①테마 ②선정이유 ③현상의 파악 ④해석 ⑤대책 ⑥효과의 확인 ⑦표준화 ⑧남은 문제와 앞으로의 진행법 등과 같은 8개 Step으로 구성되어 있다.
원래 QC story는 과거의 문제해결 사례를 다른 사람에게 알기 쉽게 설명하기 위해 마련된 보고서 구성의 Step이었다. QC story라는 명칭도 그러한 점에서 연유된다. 그 후 실제로 문제를 해결할 때의 진행법으로서도 매우 유효하다는 점이 확인되었기 때문에 문제 해결법으로서 널리 활용되기에 이른 것이다.

- 공정계획 수립하기
1. 공정설계
공정설계는 제품의 품질, 수량, 비용과 납기일을 주의 깊게 고려해서 제품의 생산에 필요한 최적 공정의 결정, 또는 작업순서와 필요한 툴링을 제시하는 체계적인 절차이다.

(1) 공정 계획
공정의 계획에는 다음의 기능을 결정 하는 것을 말한다.
가) 계획기능 : 언제까지 어떻게 하여 제품을 완성시킬 것인가를 미리 결정하는 것
나) 통제기능 : 실제의 작업을 계획대로 추진하도록 조정하는 활동

학습 정리

2. 공정의 분류
(1) 기본 공정
공정이 계획되기 전에 재료에 최초의 형상을 부여하는 공정으로, 독특한 특성을 가지며 보통 방대한 시설을 필요로 한다.

(2) 주공정
골격을 이루고 있는 모든 공정이나 핵심적인 제조공정을 모두 포함하며 제조공정을 계획하는 공정설계기사의 위치에 따라서 공정의 분류도 달라진다.

가) 절삭(Cutting) : 경도가 높고 날카로운 공구로 고체 상태의 원자재를 칩의 형태로 제거하는 공정

밀링, 드릴링, 선삭, 형삭, 브로칭, 연삭, 호닝, 래핑 등

나) 성형(Forming) : 재료의 소성을 이용하여, 큰 힘을 가함으로써 원하는 모양으로 만드는 공정.

단조(Forging), 압연(Rolling), 압출(Extrusion), 펀칭(Punching), 압인가공(Coining), 트리밍(Trimming), 스웨이징(Swaging), 드로잉(Drawing), 스피닝(Spinning)

다) 주조 : 모래 주조, 영구 몰드 주조, 쉘 몰드 주조, 정밀주조, 다이 캐스팅, 원심 주조, 플라스틱 몰딩

① 주조 : 용융된 금속을 모래, 석고, 금속 등으로 만든 주형에 주입하여 주형의 공동과 같은 형상으로 제품을 만든다.

② 몰딩 : 분말 또는 과립상태의 소재를 기계 안에서 가열하고 가압하여 금속주형에 주입하는 공정.

라) 다듬질(Finishing)

세척(cleaning), 도장(painting), 버핑(buffing), 블래스팅(blasting), 도금(plating), 폴리싱(polishing), 디버링(deurring), 열처리(heat treatment)

마) 조립(Assembly) : 여러 개의 부품을 조립하여 최종 제품을 얻는 공정.

영구적 결합(용접), 볼트 결합, 리벳 결합 납땜(soldering), 접착(cementing), 경 납땜(brazing), 압입 끼워 맞춤(press fitting), 용접(welding), 수축 끼워 맞춤(shrinking fitting)

(3) 주요공정
반드시 이루어져야 하고, 순서상 중요한, 주공정 내에서 수행되는 공정. 절삭이 주공정인 경우 선삭, 밀링, 브로칭, 드릴링과 같은 것이 중요공정이 된다. 주요공정을 분류하면 다음과 같다.

① 주요공정 : 제품주요부위 및 공정주요부위를 가공
② 2차 공정 : 중요성이 크지 않은 공정으로, 공작물에 기능적 목적을 갖고 있으나 일반적으로는 표준도면 공차에 맞추어 수행된다.
③ 위치결정면 가공공정
④ 위치결정면 재가공공정

사출금형 제작 공정설계

다음은 금형의 설계 제작의 흐름도를 나타낸 것으로 금형 설계 제작의 경우에는 모두가 중요 공정으로 간주 하고 있다

(4) 보조공정
주공정의 지속과 완료를 보장하기 위해 필요한 공정으로 공작물의 물리적 특성이나 외관을 변화시킨다. 가끔 그자체가 주공정으로 나타날 수 있고, 일반적으로 공작물에 가치를 부여한다.

(5) 지원공정
출고 및 수령, 검사 및 품질관리, 운반, 포장 등과 같이 주공정에 도움을 주는 공정. 지원공정은 단지 비용이 가해질 뿐이며 공작물의 가치를 보존하는 데 도움을 주고, 공작물의 물리적 특성이나 외관에 영향을 주지 않는다.

단원명 2 가공방법 결정하기

- 가공품질을 위한 가공방법과 적정공구 결정하기

1. 기계선정 및 가공방법
(1) 금형도에 의한 가공방법 결정
가) 밀링 머신
밀링커터를 장치하여 회전운동을 하는 주축(主軸)과 가공물을 장치하여 이송하는 테이블이 있으며, 그 구조에 따라 니형(무릎형)·베드형으로 분류한다. 주축에 고정된 절삭 공구회전, 일감을 전후, 좌우, 상하로 직선 이송을 한다.

나) 드릴링 머신
전동기에 의해 회전하는 축에 드릴과 같은 절삭 공구를 고정시키고, 회전시키면서 수직 운동을 하여 구멍을 뚫을 때 사용하는 공작 기계. 크기나 작업 형태에 따라 핸드 드릴링 머신, 직립 드릴링 머신, 레이디얼 드릴링 머신, 탁상 드릴링 머신, 평 드릴링 머신, 다축(多軸) 드릴링 머신 등 여러 가지 종류가 있다.

다) 형조 방전가공
전기절연성 액체(등유나 이온교환수 등)중에서 피가공재와 전극간에 펄스상 방전 전압을 주어 불꽃 방전을 반복하여, 피가공재를 전극에 맞게 제거하고, 목적한 형상으로 만드는 가공방법을 말한다. 피가공재에 도전성이 있다면, 재질, 경도, 취성에 관계없이 가공할 수 있으며, 피가공재에 압력이 걸리지 않기 때문에, 얇은 박과 같은 것도 변형되지 않고 가공할 수 있다. 방전 가공은 특정한 형상의 전극(동이나 흑연 등)을 사용한 형조(型彫)방전 가공과 세선(細線)(동

이나 텅스텐)을 전극으로 한다.

라) 와이어 방전가공

　주행하는 와이어 전극과 공작물 사이에서 방전을 일으켜 발생하는 스파크를 톱날처럼 이용하여 가공물을 잘라내는 가공 방법이다. 와이어컷 방전가공 또는 와이어 방전가공이라고도 한다.

마) 머시닝센터

　주축(主軸)의 운동 방향에 따라 수직형 MC와 수평형 MC, 수직·수평형의 기종(機種)으로 구분한다. 머시닝센터의 운동은 직선운동·회전운동·주축회전의 세 가지가 있으며, 이들 운동은 수치제어(數値制御:NC) 서보와 NC스핀들에 의해 위치결정과 주축속도가 제어된다. 머시닝센터의 구성은 기계 본체와 20~70개의 공구를 절삭조건에 맞게 자동적으로 바꾸어 주는 자동공구교환대(Automatic Tool Changer:ATC) 및 NC장치로 되어 있다. 단 한 번의 세팅으로 다축가공(多軸加工)·다공정가공이 가능하므로 다품종 소량부품(多品種少量部品)의 가공공정 자동화에 유리하다.

바) 연삭

　숫돌을 고속으로 회전시켜 피절삭물 표면을 미세한 가루로 제거하는 정밀 마무리법을 말한다. 마무리 면의 거칠기는 보통, 최대 높이 3㎛정도 이하이지만 입도가 미세한 숫돌을 사용하면 최대 높이 0.1~0.3㎛의 경면 완성 할 수 있다. 인쇄용 롤에서는 동도금면을 연삭, 가공하여 경면 완성한다.

- 가공부하를 해소하기 위한 가공순서 결정하기
1. 공정설계
(1) 가공 방법 및 순서의 결정
① 소재 크기 결정
② 가공 방법 및 순서의 결정
○ 척에 물리기 쉬운 부위를 먼저 가공
○ 단조나 주물 소재 **빼기** 구배
○ 대량 생산이 아닐 경우, 가능하면 내경보다 외경을 척킹하도록 한다.
○ 유압 척 척킹 압력에 의한 변형 문제가 예상되는 부품은 사전에 변형 방지 대책을 검토한다.
○ 일반적인 유압 척 척킹 압력에 의한 변형 방지 대책으로는 아래의 방법들이 있다.
○ 가능한 한 가늘고 긴 공구는 사용하지 않도록 한다.
○ 생산량이 많을 경우 황삭과 정삭 공구는 구분한다.
○ 가능하면 정밀 공차나 표면 조도가 요구되는 동일 직경 외경을 반반씩 가공하는 것은 피한다.
○ 가공 중 다른 공구와 척 또는 공작물과의 간섭 유의한다.

○ 나사부를 척에 물려야 될 경우
○ 자세 공차, 위치 공차 등으로 규제된 관련 형체는 가능하면 동시 가공
○ 측정을 고려한 공정 설계

| 단원명 3 | 대체공정 수립하기 |

- 부품을 가공하기 위한 대체 공정을 예측하기.
1. 가공 방법 변경
(1) 가공 방법의 변경 요인
가) 사내 설비의 가공 여유가 없을 때.
사내의 보유 가공설비에 있어서 추가가공 공정으로 들어가지 못하고 대기시간이 너무 많이 발생 하여 납기 등에 지장을 줄 경우에 해당 하는 것으로 설계자가 항상 현장 작업자와 긴밀한 협의를 가져야 한다.

나) 사내 보유 설비가 없고 사내 기계 가동 율이 낮을 경우.
부품 도면에 있어서 사내에 없는 설비로 가공을 할 수 있도록 되어 있을 경우를 말하며 이때에는 부품도를 변경하여 사내기계로 사용할 수 있도록 설계 변경 및 공정을 변경하여야 한다.

다) 부분적인 가공형상이 외부처리가 필요할 경우.
부품 도면의 일부 중 사내 보유 가공기로 가공이 곤란한 부분은 그 부분만 분할 입자 처리가 가능할 경우에 해당 하는 것으로 설계자와 작업 관리자가 협의하여 공정을 바꿀 수 있다

라) 가공 부분이 가공이 난이도가 높아서 사내 가공으로 불가능 할 경우.
사내 보유 설비는 있으나 가공 정밀도가 낮아 고객이 요구하는 수준의 가공 이 나오지 않을 경우에 현 장 관리자는 도면을 파악 하여 도면 설계자와 협의 하여 도면 과 공정을 바꿀 수가 있다.

마) 열처리, 부식, 용접 등 특수부분의 가공 이 있을 경우.
열처리 혹은 부식, 도금용 등 특수 가공이 필요한 경우에는 현 장 작업자와 협의하여 공정을 변경할 수 있다.

- 수작업을 최소화할 수 있는 대체공정 수립하기
1. 금형도면 분석
금형도면을 분석한다.

2. NC 가공으로 대체

금형도면을 파악하여 수작업에 의한 가공 방법 보다 NC가공으로 할 수 있는 가공법을 선택한다.

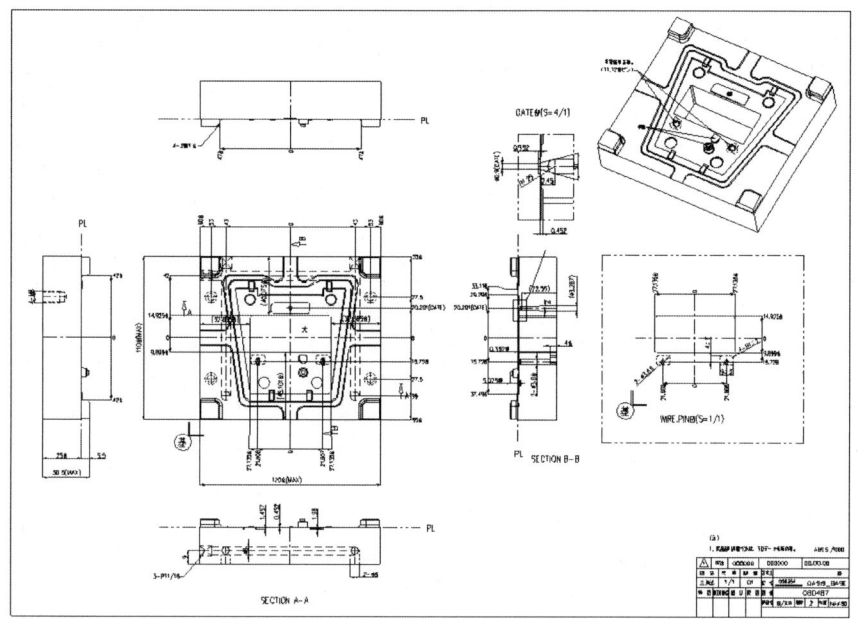

3. Wire 방전 가공으로 대체

금형도면을 파악하여 Wire 방전 가공으로 대체할 수 있는 가공법을 선택한다.

(1) 와이어 방전가공

와이어 컷 방전가공은 전극으로 동·황동·텅스텐 등의 재질로 된 가는 와이어 전극(ϕ 0.05~0.3mm의 와이어 사용)을 이용하여 가공물을 가공한다.

4. 방전 가공으로 대체

금형도면을 파악하여 방전 가공으로 대체할 수 있는 가공법을 선택한다.

(1) 도면을 분석하여 방전가공 영역 결정

방전가공 영역 결정 및 순서

코어 도면의 분석 → 방전가공 영역 결정 → 전극가공방법 결정 → 재료준비 → 공정별 코어가공으로 완성한다.

사출금형 제작 공정설계

단원명 4 | 공정개발하기

- 공정 작업지시 결정하기

(1) 표면조도
가공 과정에서 필연적으로 발생하는 규칙적이거나 불규칙적인 요철을 말한다.

(2) 중심선 평균 거칠기(Ra)
중심선 평균 거칠기(Arithmetical Average Roughness)는 거칠기 곡선에서 기준길이 전체에 걸쳐 평균 선으로부터 벗어나는 모든 봉우리와 골짜기의 편차 평균값을 표면 거칠기로 사용한다.

(3) 최대높이(Rmax)
최대 높이(Maximum Height Roughness)는 단면곡선의 가장 높은 봉우리에서 가장 깊은 골짜기까지의 수직 거리를 표면 거칠기로 사용한다.

(4) 10점 평균 거칠기(Rz)
10점 평균 거칠기(ten point median height)는 단면곡선에서 가장 높은 봉우리 5개의 평균 높이와 가장 깊은 골짜기 5개의 평균 깊이의 차를 표면 거칠기로 사용한다.

- 공구의 수명
각 작업 조건에 따라 공구 수명에 대한 기준은 다르게 적용할 필요가 있으므로, 공구 수명을 한마디로 명확하게 정의하는 것은 간단하지 않다.

(1) 테일러의 공구 수명식
공구 수명 판정 기준에 관계없이, 일반적으로 다른 모든 조건이 동일하다면 절삭 속도 증가에 따라 공구 수명은 급격하게 감소된다.

○ Taylor의 공구 수명식

$$VT^n = C$$

V: 절삭속도(m/min)
T : 공구수명(min)
n, C : 상수

(가) 공구의 마모 형태

① 여유면 마모 (Flank Wear)
공구 여유면 랜드 부에 생기는 마모를 말한다.
② 크레이터 마모 (Crater Wear)
절삭 날 위경사면(Rake)에 생기는 분화구 형태의 마모를 말한다.
③ 칩핑 (Chipping : 날 끝 미세 결손)
기계적 충격으로 날 끝이 미세하게 이빨 빠진 형태로 파손되는 경우를 말한다. 취
④ 결손 (Scratching)
칩핑보다 약간 큰 형태로 날 끝이 파손되는 경우를 말한다.
⑤ 파손
절삭 날 전체의 파손을 말한다.
⑥ 박리 또는 분리 (Cracking)
공구의 표피가 벗겨지는 형태로 떨어져 나가는 것을 말한다.
⑦ 소성변형 (Deformation)
절삭시의 고온으로 날 끝이 소성변형을 일으키는 것을 말한다.
⑧ 균열
열 충격 등으로 공구에 금이 가는 것을 말한다.

사출금형 제작 공정설계

종합 평가

평가문항 1
공정관리의 절차를 설명하시오?

(답)
① 공정계획 및 일정계산, ② 일정계획, ③ 진도관리

평가문항 2
기계가공방법에는 밀링가공, 형조 방전가공, 와이어 가공, 연마가공 등이 있다. 형조방전 가공법에 대해서 설명하시오?

(답)
전기절연성 액체(등유나 이온교환수 등)중에서 피가공재와 전극간에 펄스상 방전 전압을 주어 불꽃 방전을 반복하여, 피가공재를 전극에 맞게 제거하고, 목적한 형상으로 만드는 가공방법을 말한다.

평가문항 3
수작업을 대체할 수 있는 가공 방법들이 있다. 가공방법들을 나열하시오?

(답)
① 형 방전가공 ② 와이어 방전 가공 ③ NC가공

평가문항 4
공정관리란 무엇인가?

(답)
원자재가 제품이 되기까지에는 여러 가지 작업을 필요로 하는데, 그러한 작업에는 일정한 순서와 계열이 있으며, 부분적인 공정의 결합을 이루고 있다. 그와 같은 작업의 계열을 생산 공정이라고 한다. 일반적으로 근대적 대공장에서는 생산 공정이 매우 복잡한 콤비네이션에 의해 이루어지고 있기 때문에, 공정의 일부에 잘못이 생기면 생산 공정 전체가 영향을 받아, 제품 제조에 중대한 지장을 가져온다. 그러므로 각 부분공정과 작업을 생산물에 주목하면서 일정한 시간계획 하에서 규제·통제함으로써 모든 생산 공정의 흐름을 원활하게 하려는 것이 공정관리이다.

평가문항 5

공정관리 절차서의 작성목적에 대해서 설명하시오?

(답)
효과적인 공정관리를 위하여 공정관리의 절차와 작성 방법, 운영방법 등에 대하여 일반적인 작업절차서가 필요하다. 또한 공정관리 절차 서에 의해 작성해진 공정표에 따라 자재, 인력, 장비 등의 생산자원(Resource)이 효과적으로 이용되기 위해서도 절차서 작성은 필요하다.

평가문항 6

공정관리의 절차에 대해서 설명하시오?

(답)
(가) 공정계획 및 일정계산(Time Planning/ Time Estimating)
① 도면과 시방서를 중심으로 작업을 분류
② 작업순서 결정
③ 각 작업의 소요기간을 산정하여 공정표를 구성(Time Estimating)
④ 공정별 견적서를 토대로 작업 분류에서 작성된 작업에 해당하는 수량과 금액을 할당

(나) 일정계획(Scheduling)
① 각 작업의 착수와 완료일정 및 여유시간(Float)을 계산하고 전체 공정기간을 산정한다.
② 공정관리 이론을 적용하여 작업기간을 평균화 하거나 적절하게 배정한다.
③ CPM 일정 계산법을 이용하여 Early Start/Finish Time, Late Start/Finish Time의 일정을 계산하고 주공정(critical path)을 찾는다.

(다) 진도 관리(Control)
① 실제공사의 진행과 계획된 예정공정을 비교하여 측정한다.
② 공정 지연 등 문제가 발생하였을 때는 지연 원인을 분석하고 공정를 완화하기 위하여 필요한 조치를 취하고, 필요시 공정표를 수정한다.
③ 각 시점에서 수집된 공사 진행 자료를 공정표와 비교하여 공사 진도율을 산정하고 작업일정의 조정이 필요한 경우는 일정계획을 재수립한다.

사출금형 제작 공정설계

평가문항 7

공정표(Process Record)에는 부품을 작업자가 가공하는데 필요한 여러 가지 요소들을 기록하여 작업이 완료될 때까지 부품과 함께 공정별로 이동되어 간다. 공정표 작성요령에 대해서 설명하시오?

(답)
① 제작신청서에 있는 작업번호를 기록한다.
② Part List 우측하단에 있는 설계사의 이름을 기록한다.
③ 공정설계한 날짜를 기록한다.
④ 공정설계사를 확인을 한다.
⑤ 공정설계 팀장 또는 관리자 확인을 한다.
⑥ Part List 우측하단에 있는 도면번호를 기록한다.
⑦ 공정설계원의 이름을 기록한다.
⑧ Process Record의 페이지수를 기록한다.
⑨ 신작, 개조, 증작, 개조/증작, 유보, A/S, 수주의 형태에 따라 선택 표시(   )를 한다.
⑩ 부품의 번호를 기록한다.
⑪ 공정의 기호(NM2, FG1, UL1,…등)를 기록한다.
⑫ 공정의 S.T(단위: 분)를 기록한다.
⑬ 인접 품번을 기록한다.
⑭ 인접 품번의 인접공정의 번호를 기록한다.
⑮ 제품의 모델 또는 제품의 명칭을 쉽게 알아볼 수 있도록 기록한다.
⑯ Total 가공시간(단위: 시간)의 합을 기록한다.
⑰ 순수자작 가공시간(단위: 시간)의 합을 기록한다.
⑱ Main Process의 마지막란에(* *)를 표시한다.
⑲ 부품의 재질, 수량, 부품의 명칭을 기록한다.

평가문항 8

제조공정 선정의 기본규칙은?

(답)
① 공정은 품질, 기능 및 신뢰성에 대한 모든 설계 조건을 충족 되도록 하여야 한다.
② 일일 생산소요량을 충족시켜야 한다.
③ 기계 및 공구를 충분히 활용해야 한다.
④ 기계의 정지 시간을 최소화 한다.
⑤ 공정은 최소의 재료를 최대로 활용해야 한다.

⑥ 제품설계의 합리적 변화에 적응할 수 있어야 한다.
⑦ 단 기간에 상환해야 할 자금은 가능한 적게 한다.

평가문항 9

제조공정 선정의 절차는 1단계에서 6단계 까지가 있다. 제조공정 선정의 절차에 대해서 설명하시오?

(답)
(제1단계) 공정의 목표설정 : 제품의 기능, 경제성, 외관
(제2단계) 문제에 대한 정보 수집 : 부품도, 연간 생산량, 생산기간, 원자재 소요량, 비용, 필요한 장비의 사용가능성.
(제3단계) 대안 공정의 계획 : 여러 가지 대안의 계획, 자체 생산 및 외주의 비교
(제4단계) 대안 공정의 평가 : 최상의 제조방안 결정
(제5단계) 조치과정의 진행 : 작업순서 계획, 공정 총괄 표 작성, 소요 치공구, 장비 및 운반 장치의 설계/구매, 공간 계획
(제6단계) 조치확인 및 점검

평가문항 10

문제를 해결하는 방법에는 여러 가지가 있으나 QC 분야에서는 Data 에 입각한 실증적 문제 해결법이 그 적용범위의 광범위성과 확실성 때문에 널리 활용되고 있으며, QC적 문제해결법, 또는 QC Story라고 부르기도 한다. 공정 개선의 순서에 대해서 설명하시오?

(답)
① 테마
② 선정이유
③ 현상의 파악
④ 해석
⑤ 대책
⑥ 효과의 확인
⑦ 표준화
⑧ 남은 문제와 앞으로의 진행법

사출금형 제작 공정설계

평가문항 11

공정의 분류 중 주공정에 해당하는 가공들에 대해서 설명하시오?

(답)
- (가) 절삭(Cutting) : 경도가 높고 날카로운 공구로 고체 상태의 원자재를 칩의 형태로 제거하는 공정
  밀링, 드릴링, 선삭, 형삭, 브로칭, 연삭, 호닝, 래핑 등
- (나) 성형(Forming) : 재료의 소성을 이용하여, 큰 힘을 가함으로써 원하는 모양으로 만드는 공정.
  단조(Forging), 압연(Rolling), 압출(Extrusion), 펀칭(Punching), 압인가공(Coining), 트리밍(Trimming), 스웨이징(Swaging), 드로잉(Drawing), 스피닝(Spinning)
- (다) 주조 : 모래 주조, 영구 몰드 주조, 쉘 몰드 주조, 정밀주조, 다이 캐스팅, 원심 주조, 플라스틱 몰딩
  ① 주조 : 용융된 금속을 모래, 석고, 금속 등으로 만든 주형에 주입하여 주형의 공동과 같은 형상으로 제품을 만든다.
  ② 몰딩 : 분말 또는 과립상태의 소재를 기계 안에서 가열하고 가압하여 금속주형에 주입하는 공정.
- (라) 방전가공 : 피가공재와 전극간에 펄스상 방전 전압을 주어 불꽃 방전을 반복하여, 피가공재를 전극에 맞게 제거하고, 목적한 형상으로 만드는 가공법.
- (마) 고속가공 : 일반적으로 높은 스핀들 스피드와 빠른 가공 속도로 가공하는 방법을 의미하며 구체적으로 빠르게만 가공하는 것이 아닌 고효율(High Efficiency)의 가공 방식을 의미한다.
- (라) 건드릴 가공 : 총열 가공에 적합한 드릴 머신임. 표준의 드릴(Drill)로 가늘고 긴 구멍을 똑 바로 가공하기는 매우 어렵다. (대략 직경보다 5배 이상 깊은 경우)건 드릴은 절삭유(압축공가 혹은 적절한 냉각제)가 드릴의 홈을 따라 절삭면으로 공급되어지는 구조이다.
- (마) 다듬질(Finishing)
  세척(Cleaning), 도장(Painting), 버핑(Buffing), 블래스팅(Blasting), 도금(Plating), 폴리싱(Polishing), 디버링(Deurring), 열처리(heat Treatment)
- (바) 조립(Assembly) : 여러 개의 부품을 조립하여 최종 제품을 얻는 공정.
  영구적 결합(용접), 볼트 결합, 리벳 결합 납땜(Soldering), 접착(Cementing), 경 납땜(Brazing), 압입 끼워 맞춤(Press fitting), 용접(Welding), 수축 끼워 맞춤(Shrinking Fitting)

평가문항 12

기계가공 중 연삭 가공에 대해서 설명하시오?

(답)
숫돌을 고속으로 회전시켜 피절삭물 표면을 미세한 가루로 제거하는 정밀 가공법을 말한다. 완

성 면의 거칠기는 보통, 최대 높이 3㎛정도 이하 이지만 입도가 미세한 숫돌을 사용하면 최대 높이 0.1~0.3㎛의 경면 완성를 할 수 있다. 인쇄용 롤에서는 동·도금면을 연삭, 가공하여 경면 를 얻을 수 있다.

평가문항 13
기계가공 중 랩핑가공의 장▪단점에 대해서 설명하시오?

(답)
랩핑의 장점
① 가공면이 매끈한 거울면을 얻을 수 있다.
② 정밀도가 높은 제품을 가공할 수 있다.
③ 가공면은 윤활성 및 내마모성이 좋다
④ 가공이 간단하고, 대량생산이 가능하다.
⑤ 잔류응력 및 열적 저항을 받지 않는다.
⑥ 가공면은 내식성과 내마모성이 양호하다.

랩핑의 단점
① 가공면에 랩제가 잔류하기 쉽고, 제품 사용시 잔류한 랩제가 마모를 촉진 시킨다.
② 고도의 정밀 가공은 숙련이 필요하다.

평가문항 14
방전가공용 전극의 재료는 이론적으로는 도전성이 좋은 재료라면 무엇이든 사용할 수 있으나 전기 저항 값이 적고 전기 전도도가 큰 재료, 방전 가공성이 좋으며, 성형이 용이하고 가격이 저렴한 재료가 많이 사용된다. 방전가공용 전극 재료의 구비 조건은?

(답)
① 전기 저항 값이 낮고, 전기 전도도가 크다.
② 방전 가공성이 우수하다.
③ 융점이 높아 방전시 전극 소모가 적다.
④ 성형이 용이하고 가격이 저렴하여야 한다.

평가문항 15
방전가공용 전극 재료의 종류에 대해서 설명하시오?

사출금형 제작 공정설계

(답)
㉠ 전기동
전기 전도도가 높아 방전 가공성이 우수하고, 가공이 용이하여 가장 많이 사용되고 있으며, 기계가공 및 산에 의한 침식을 이용하여 가공

㉡ 동·텅스텐(Cu-W), 은·텅스텐(Ag-W)
기계가공이 용이하고 강성이 좋아 정밀도를 필요로 하는 전극에 널리 사용되고 있으나, 가격이 고가이고 주조나 단조를 할 수 없는 단점도 있어 사용범위가 제한적이다.
○ 초경재의 가공
○ 깊은 구멍의 가공
○ 미세하고 복잡한 형상의 가공
○ 예리한 모서리의 가공
○ 미세한 부품의 대량 가공

㉢ 비금속 재료 : 흑연(Graphite)
흑연이 주성분인 그래파이트는 절삭성이 좋아 기계가공이 가능하며, 다음과 같은 특성이 있다.

○ 동에 비하여 1/5의 가벼운 무게를 가지므로 대형 전극의 제작에 적합
○ 열변형이 적음(동의 1/4정도)
○ 방전성이 좋아 거친 절삭가공에 적합
○ 전극 가공시 분말가루가 많이 비산된다.

참고자료 및 관련 사이트

1. 이균덕(2009). "공정설계(사출)", 한국 기계 산업 진흥회
2. 민현규(2004). "이러닝 강좌 : 사출 금형 실무", 한국산업 인력 공단
3. 양석동(2009). "NC가공용 데이터 생성", 한국 기계 산업 진흥회
4. 임상헌(2009). "공정관리 및 설계", 보성각

- **집필위원**
  고재규

- **검토위원**
  임상현
  황한섭

사출금형제작
사출금형제작 공정설계

초판 인쇄 2016년 06월 10일
초판 발행 2016년 06월 17일
저자 고용노동부, 한국산업인력공단
발행인 김갑용
발행처 진한엠앤비
주소 서울시 서대문구 독립문로 14길 66 205호
   (냉천동 260, 동부센트레빌아파트상가동)
전화 02) 364 - 8491(대) / 팩스 02) 319 - 3537
홈페이지주소 http://www.jinhanbook.co.kr
등록번호 제25100-2016-000019호 (등록일자 : 1993년 05월 25일)
ⓒ2016 jinhan M&B INC, Printed in Korea

ISBN 979-11-7009-732-7 (93550)   [정가 10,000원]

☞ 이 책에 담긴 내용의 무단 전재 및 복제 행위를 금합니다.
☞ 잘못 만들어진 책자는 구입처에서 교환해드립니다.
☞ 본 도서는 [공공데이터 제공 및 이용 활성화에 관한 법률]을 근거로 출판되었습니다.